乡村振兴战略·浙江省农民教育培训丛书

# 国　兰

浙江省农业农村厅　编

ZHEJIANG UNIVERSITY PRESS
浙江大学出版社
·杭州·

**图书在版编目（CIP）数据**

国兰/浙江省农业农村厅编．—杭州：浙江大学出版社，2023.4

（乡村振兴战略·浙江省农民教育培训丛书）

ISBN 978‑7‑308‑21944‑0

Ⅰ.①国⋯ Ⅱ.①浙⋯ Ⅲ.①兰科－花卉－观赏园艺 Ⅳ.①S682.31

中国国家版本馆 CIP 数据核字（2023）第 048624 号

**国　兰**

浙江省农业农村厅 编

| | |
|---|---|
| **丛书统筹** | 杭州科达书社 |
| **出版策划** | 陈　宇　冯智慧 |
| **责任编辑** | 陈　宇 |
| **责任校对** | 赵　伟　张凌静 |
| **封面设计** | 三版文化 |
| **出版发行** | 浙江大学出版社 |
| | （杭州市天目山路148号　邮政编码 310007） |
| | （网址：http://www.zjupress.com） |
| **制作排版** | 三版文化 |
| **印　　刷** | 杭州艺华印刷有限公司 |
| **开　　本** | 710mm×1000mm　1/16 |
| **印　　张** | 12 |
| **字　　数** | 210千 |
| **版 印 次** | 2023年4月第1版　2023年4月第1次印刷 |
| **书　　号** | ISBN 978‑7‑308‑21944‑0 |
| **定　　价** | 78.00元 |

# 丛书序

　　乡村振兴，人才是关键。习近平总书记指出，"让愿意留在乡村、建设家乡的人留得安心，让愿意上山下乡、回报乡村的人更有信心，激励各类人才在农村广阔天地大施所能、大展才华、大显身手，打造一支强大的乡村振兴人才队伍"。2021年，中共中央办公厅、国务院办公厅印发了《关于加快推进乡村人才振兴的意见》，从顶层设计出发，为乡村振兴的专业化人才队伍建设做出了战略部署。

　　一直以来，浙江始终坚持和加强党对乡村人才工作的全面领导，把乡村人力资源开发放在突出位置，聚焦"引、育、用、留、管"等关键环节，启动实施"两进两回"行动、十万农创客培育工程，持续深化千万农民素质提升工程，培育了一大批爱农业、懂技术、善经营的高素质农民和扎根农村创业创新的"乡村农匠""农创客"，乡村人才队伍结构不断优化、素质不断提升，有力推动了浙江省"三农"工作，使其持续走在前列。

　　当前，"三农"工作重心已全面转向乡村振兴。打造乡村振兴示范省，促进农民、农村共同富裕，浙江省比以往任何时候都更加渴求

人才，更加亟须提升农民素质。为适应乡村振兴人才需要，扎实做好农民教育培训工作，浙江省委农村工作领导小组办公室、省农业农村厅、省乡村振兴局组织省内行业专家和权威人士，围绕种植业、畜牧业、海洋渔业、农产品质量安全、农业机械装备、农产品直播、农家小吃等方面，编纂了"乡村振兴战略·浙江省农民教育培训丛书"。

此套丛书既围绕全省农业主导产业，包括政策体系、发展现状、市场前景、栽培技术、优良品种等内容，又紧扣农业农村发展新热点、新趋势，包括电商村播、农家特色小吃、生态农业沼液科学使用等内容，覆盖广泛、图文并茂、通俗易懂。相信丛书的出版，不仅可以丰富和充实浙江农民教育培训教学资源库，全面提升全省农民教育培训效率和质量，更能为农民群众适应现代化需要而练就真本领、硬功夫赋能和增光添彩。

中共浙江省委农村工作领导小组办公室主任
浙江省农业农村厅厅长
浙江省乡村振兴局局长 王通林

2023 年 3 月

# 前　言

　　为了进一步提高广大农民的自我发展能力和科技文化综合素质，造就一批爱农业、懂技术、善经营的高素质农民，我们根据浙江省农业生产和农村发展需要及农村季节特点，组织省内行业首席专家或权威人士编写了"乡村振兴战略·浙江省农民教育培训丛书"。

　　《国兰》是"乡村振兴战略·浙江省农民教育培训丛书"中的分册，全书共分五章，第一章是概述，主要介绍起源与分布、生长形态、浙江省国兰产业现状；第二章是效益分析，主要介绍开发利用、三大效益、市场前景及风险防范；第三章是关键技术，着重介绍种类和品种、繁殖方法、栽培措施、催花技术、养护管理和病虫害防控；第四章是国兰鉴赏，主要介绍赏兰标准、瓣形花鉴赏、奇花鉴赏和叶艺鉴赏；第五章是典型实例，主要介绍浙江省农业科学院兰花科创基地、绍兴渚山彩云涧兰花科技有限公司、浙江嘉兰农业科技有限公司等11家省内农业企业从事国兰生产经营的实践经验。

　　本书内容广泛、技术先进、文字简练、图文并茂、通俗易懂、编排新颖，可供花卉企业种植基地管理人员、花卉专业合作社社员、家庭农场成员和花卉种植大户阅读，也可作为花卉生产技术人员和管理人员技术辅导的参考用书，还可作为高职高专院校、农林牧渔类成人教育等的参考用书。

# 目 录

GAI SHU

# 第一章　概　述

　　国兰是指中国兰花中的一些地生兰种类，是兰科兰属多年生草本植物，在我国有2000多年的栽培历史。浙江拥有深厚的兰文化底蕴，是我国兰花栽培历史最悠久的省份。2019年，全省兰花专业经营主体有2000多个，专业从业人员达6000多人，拥有100多万平方米的栽培设施和几十亿元的品种资源资产，年均营业额达上亿元。

# 一、起源与分布

## （一）起源

国兰是指中国兰花中的一些地生兰种类，是兰科兰属多年生草本植物。国兰主要有春兰、蕙兰、建兰、寒兰、墨兰、春剑、莲瓣兰等七大类，有数千种园艺品种，在我国有 2000 多年的栽培历史。

中国观赏与培植兰花比西方要早得多。早在春秋时代，中国文化先师孔子曾说："芝兰生幽谷，不以无人而不芳，君子修道立德，不为穷困而改节。"他还将兰称为"王者之香"，这句话流传至今，足以证明国兰在我国历史文化上所占的地位。

孔子将国兰引入中国文化，用兰作为一种文化意象，建筑起一种人所追求的精神品格和境界，使其与国学相融合，备受儒、释、道推崇。人们赋予兰的人格美特质，正是文人主观意念下对于兰花自然属性的文化解读，以兰寄情，托物言志。兰幽香高洁被无数人所知的高贵气质也为孔子、屈原君子之德的传播起到了重要作用，孔子和屈原为中国兰文化内涵和兰文化品位的确立奠定了基础。

古代，人们起初以采集野生兰花为主，至于人工栽培兰花，则从宫廷开始。魏晋以后，栽培兰花从宫廷扩大到士大夫阶层的私家园林，并用来点缀庭园，美化环境。直至唐代，兰花的栽培才发展到一般庭园和花农培植。

宋代是中国兰艺的鼎盛时期，有关兰艺的书籍及描述渐多。南宋的赵时庚于 1233 年写成的《金漳兰谱》可以说是我国保留至今最早的一部兰花研究著作，也是世界上第一部。继《金漳兰谱》之后，王贵学于 1247 年写成了《王氏兰谱》一书，书中对 30 余个兰花品种作了详细的描述。在宋代，以兰花为国画题材的有赵孟坚所绘之《春兰图》，其被认为是现存最早的兰花名画，现珍藏于北京故宫博物院内。兰艺于明、清两代进入昌盛时期。随着兰花品种的不断增加，栽培经验的日益丰富，兰花已成为大众观赏之物。

随着时代的发展，无论是兰花的栽培技艺，还是对兰花形艺、叶艺、花艺的鉴赏，都更规范、更精深。国兰更加广泛地出现在诗、书、画中，使兰文化更加气势恢宏、博大精妙；使兰文化成为集情感美、现实美、理想美、意境美和形式美于一体的艺术形式，把国兰的表现力推向炉火纯青的奇妙境界。

## （二）分布

国兰在我国广布于秦岭山脉以南，自古以浙江、江苏、福建、广东、云南等地最为繁荣，目前已经遍及全国。浙江、江苏、上海以春兰、蕙兰为主，为我国国兰文化中心，经数百年的选育，这些地区已在原生的春兰和蕙兰中选育出名种数百种。台湾、福建、广东以墨兰、建兰为主，经多年的开发和选育，这些地区已在原生的墨兰和建兰中选育许多名种。云南、贵州、四川以原生于本地的春剑、莲瓣兰、建兰、春兰为特色，形成了中国兰花西部系列。江西、湖南的国兰资源十分丰富，各品种在该地区都有原生种，以寒兰、蕙兰、春兰为重点。湖北、河南、安徽以春兰和蕙兰为主，逐渐形成特色。广西兰花资源丰富，但开发起步较晚。西北部受贵州、云南影响较大，东南部受广东影响深，形成了全面开发的趋势。西藏东南多峡谷地形，峡谷内植物呈垂直分布，其间，发现有中国兰花原生种。陕西东南发现有原生的蕙兰，使中国兰花资源区的分布拓展到北纬34°。

### 复习思考题

1. 国兰是一种什么植物？主要有哪几类？
2. 历史上是谁将国兰引入中国文化的？
3. 国兰主要分布在我国的哪些地区？

# 二、生长形态

## （一）根

国兰的根是丛生的肉质根，较为粗壮肥大，从假鳞茎基部长出，数量不等（见图1.1）；无根毛；新根为嫩白色，老根呈灰白色，裸露在空气中的根呈青绿色。主根一般无支根，或偶有支根生出。兰根为圆柱形，横断面为圆形。健壮兰根的顶端有明显的根冠，白色透亮，俗称"水晶头"。根冠对外界的干扰极为敏感，若接触过浓的肥料或农药，极易受到伤害。

图1.1 兰花根系

兰根的结构可分为外层、中层和内层。外层是包围兰根的根皮组织，主要起保护皮层组织，吸收和保持皮层内部水分的作用。中层是皮层组织，俗称"根肉"，它是由12~15层充满水分或空气的皮层细胞构成的，具有吸水作用和储水功能，并兼备防干旱与保护的作用。内层为兰根的中心梗，俗称"根芯"，黄白色，直径约0.1厘米，不易折断，主要功能是加强根的强度，起输送水分和养分的作用。肉质的兰根有很强的储水性，所以国兰浇水不宜过勤，否则容易烂根。

兰根的功能作用主要有两点：①吸收、储存水分和养料；②固定兰花植株，使其不致移动和倒伏。兰根的粗细和长度视兰花的品种不同而不同。

## （二）茎

国兰的茎是变态茎，在根和叶的连接处膨大而缩短的为假鳞茎，俗称"芦头"（见图1.2）。假鳞茎由10多个茎节组成，国兰的种类不同，假鳞茎的形状也不同，如有圆形、扁球形、卵圆形等。国兰的种类不同，假鳞茎的大小也不同，如墨兰的假鳞茎较大，春兰的假鳞茎要小一些，蕙兰的假鳞茎更小。假鳞茎上有节，每一节都生着一片叶或鞘叶，所以假鳞茎被叶片或鞘叶包围。假鳞茎的外层为角质层，能防止水分散发；假鳞茎的内层由许多细胞组成，是储存水分和养分的"仓库"。细胞内分布着许多维管束和纤维组织，是输送水分和养分的通道。假鳞茎是发芽、生根、长叶、开花的载体，兰花的叶片生长在假鳞茎的顶部，每节一片叶；国兰的肉质根直接着生在假鳞茎的基部，花芽和叶芽都着生在假鳞茎基部根茎处的节上。新芽长成后，基部又膨大成一个新的假鳞茎，所以国兰的假鳞茎是相互连接的。

图1.2　兰花芦头

较老的假鳞茎在失去叶片后称为老芦头。由于假鳞茎是储存水分和养分的器官，因而老芦头体内仍有营养，仍可继续萌芽，繁殖后代。

（三）叶

国兰的叶片是兰花制造营养物质的重要器官，也是国兰进行蒸腾作用和呼吸作用的主要器官。

国兰的叶片分常态叶和变态叶两种。

从假鳞茎上簇生出的叶称为常态叶，又称完全叶。通常所说的兰叶是指常态叶。国兰的常态叶呈狭带形，故又称细叶兰。叶片通常呈2列排列，只有新的假鳞茎才能生长出新叶，老的假鳞茎是不能再长新叶的。叶片无明显叶柄，革质常绿，叶缘有的无锯齿（如寒兰、墨兰），有的有细锯齿（如春兰）或粗锯齿（如蕙兰），叶面为墨绿色或淡绿色，叶稍尖或钝。叶面有平行脉和中脉，向叶背部突出，叶脉具有一定的强度和韧性，支撑兰叶向上着生，不致倒伏。叶片在假鳞茎上簇生，组成叶束，兰界俗称为"筒"。每筒兰草的叶片数因兰花种类的不同而不同。春兰每筒3~5片叶，建兰每筒2~4片叶，蕙兰每筒则多达10片叶。兰花叶片的形状也因种类不同而不同。蕙兰、春剑叶片较长，春兰、建兰叶片较短；墨兰、建兰叶片较宽大，春兰、蕙兰叶片较窄；蕙兰、寒兰叶端较尖，墨兰、建兰叶端较钝；春剑、建兰叶面平展，春兰、蕙兰叶面内凹；建兰、寒兰叶面平滑，蕙兰、春剑叶面毛糙等。叶片的生长姿态也多种多样，有立叶，如金岙素；有半直叶，如龙字；有半垂叶，如宋梅；有垂叶，如大一品；有扭曲叶，如绿云；有肥环叶，如大富贵；有短壮叶，如环球荷鼎。此外，还有叶艺不同，即叶片上因变异出现白色、黄色、红色的不同条纹或斑点等。

包在花茎上的叶由于退化变成膜质鳞片状，故称为变态叶，又称不完全苞叶（苞衣、壳）。不完全叶的主要功能是保护花蕾，也能进行光合作用。

兰花叶的欣赏标准主要有：从株形看，有直立雄健的，有半垂而曲线优美的，亦有斜披或全垂的等，总之以文气而秀美者为上品；叶片形状以叶柄紧企如"线香"，叶幅中部似"螳肚"，叶尖部好似"蟮尾"为好；国兰的叶质以糯润，脉纹细含为上品；叶色以碧绿滴翠为上品；叶鞘以坚挺、质地厚硬、紧抱叶柄方为上品。

## （四）花

花是国兰最美丽的部分，是人们欣赏国兰的主要部位，也是国兰的繁殖器官。

国兰花朵的结构比较特殊，花朵着生在花莛上，排列成总状花序，每朵花均由花萼（外三瓣）、花瓣（内三瓣）和蕊柱组成（见图1.3）。

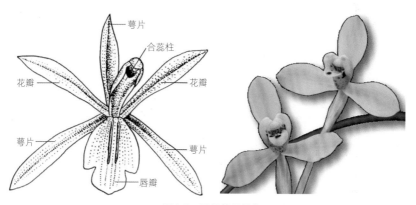

图1.3 国兰花朵结构

### 1. 花莛

花莛俗称"花箭"，从假鳞茎中部的节上生出。一般情况下，1个假鳞茎上只长1~2支花莛。花莛包括花序和花轴两个部分。

花序是指花朵在花轴上部有规律的排列方式。国兰的花序为总状花序，即花轴长而不分枝。国兰花序直立生长，高出叶面，俗称"出架"。

花轴又称花梗、花秆、花茎，是花莛的主轴。花轴以细而浑圆的灯草梗为贵，高度以出架为优。

花轴上着生小花柄（即子房），花柄上着生花朵，花朵数依兰花种类不同而异：春兰一般为1朵，少数为2朵；蕙兰为9朵左右；寒兰、墨兰着花数较多，而春剑、莲瓣兰为2~5朵。花朵开放时，由下而上，陆续开放。

在花朵的花柄基部与花轴相连的地方，一枚紧贴花柄的苞叶叫"箨"，俗称"贴肉包衣"，蕙兰的称"小苞衣"，主要起保护作用。

### 2. 花萼

花萼是指国兰花朵外轮的三片花瓣，又称外三瓣或萼片。萼片的形状决定兰花品种的优劣，传统名种的梅瓣、荷瓣、水仙瓣主要是依萼片的形状来区分。

在国兰的外三瓣中，中央竖直的一瓣称为中萼片，俗称"主瓣"；左右横向排列的两瓣称为侧萼片，俗称"副瓣"。副瓣横向着生的形态称为"肩"，肩是展现兰花神韵的重要部分。

### 3. 花瓣

花瓣是指兰花花朵的中间一轮，由捧瓣和唇瓣组成。捧瓣即内三瓣中合捧着蕊柱的2片小花瓣，也称"捧心"。唇瓣俗称"舌"，位于蕊柱下方。唇瓣是国兰最漂亮的花瓣，唇瓣上半部常有三裂片，中间的裂片称中裂片，两侧的称侧裂片，俗称"腮"。

### 4. 合蕊柱

国兰最里边的一层为合蕊柱，俗称"鼻"。鼻呈柱状体，以小而平整、不撑开捧瓣为好。鼻是国兰的繁殖器官，由雄蕊和雌蕊合在一起组成，它是国兰蕴藏香气的香囊，也是国兰的繁殖器官。合蕊柱一般为黄绿色，稍向前弯曲，顶端为雄蕊（外有花粉盖，又称药帽；内有花粉室，含有花粉块），兰香即由此溢出。合蕊柱顶端稍向里有一凹洞，称为药腔，内有柱头（即雌蕊），腔内有黏液，黏液起捕捉花粉的作用，柱头必须接触花粉才能完成授粉。

兰花欣赏的标准主要有：主瓣要端正；两片副瓣之中线呈水平为平肩，高于水平线者为上品；外三瓣要短阔趋圆，外三瓣之周缘向内微裹、形似"浅勺"者为紧边；花盛开后外三瓣仍呈含抱之势为佳；

捧瓣必须短圆，捧兜必须软糯光洁；唇瓣要短圆阔大，舌上红点要鲜艳夺目，点要成形而不散乱；虫媒授粉入口处为口，口形要端正；唇瓣舒启要适度，姿态要端正。花梗要细圆高挺出叶架；花色要亮丽娇艳；花瓣肌理要细腻滋润，质地厚糯者方为上品；花开经月色不凋，形不变为花守好，俗称"劲骨好"；香气应清远幽雅。

（五）果实

国兰的果实为蒴果，俗称"兰荪"。国兰的雌蕊（即柱头）受粉后花瓣凋谢。子房逐渐发育膨大呈棒槌状，深绿色，有3条或6条棱，呈三角形或六角形（见图1.4）。果实经6~12个月成熟。果皮转黄绿色，直至褐色。成熟后的蒴果自行开裂，种子溅出。

图1.4　兰花果实

## （六）种子

国兰种子一般呈纺锤形，极小，呈粉状，每粒种子质量只有0.3~0.5微毫克，只有在解剖镜或显微镜下才能看清它的构造；颜色有黄色、白色、乳白色和棕褐色；形态与大小各式各样。大多数国兰的种皮透明、无色，由一层透明的细胞组成，有加厚环纹。种皮内含有大量的空气，不易吸收水分，适宜随风和水流传播。每个蒴果内的种子数目庞大，多达几十万乃至数百万。国兰种子随风或水流传播，在适宜种子萌发的地方落户生长。国兰种子的胚发育不完全，是一团未分化的胚细胞，很小，呈圆形或微卵圆形，常有多胚现象。由于缺乏胚乳，国兰种子在萌发过程中缺少营养物质，发芽率极低，在自然界条件下播种基本不能萌芽。现多采用组培室无菌播种培养的方法培育实生苗。

**复习思考题**

1. 兰根的结构可以分为哪几类？各有什么作用？
2. 国兰的叶分哪几种？各有什么特点？
3. 国兰的花由哪些结构组成？各有什么特点？

# 三、浙江省国兰产业现状

## （一）栽培历史悠久

已发掘的史料显示，浙江拥有深厚的兰文化底蕴，是我国兰花栽培历史最悠久的省份。以余姚河姆渡出土文物上有兰花图饰推算，国人关注兰花、欣赏兰花至少已有7000年历史；以东汉《越绝书》记载"勾践种兰渚山"计算，兰花在绍兴地区已有2500多年的栽培历史。长期以来，浙江人上山采兰、下山种兰、写兰、画兰、咏兰等故事一直没有停歇过，如绍兴的兰亭及兰亭集序、徐渭画兰、鲁迅养兰等故事。兰溪的溪以兰名、邑以溪名；越剧中有兰花指。这些都是中国兰文化的烙印，是兰文化的重要组成部分。历史上描写兰花的专著大部分也出自浙江艺兰名家之手。据丁永康的《中国兰花小百科》考证，清代以春兰和蕙兰为主的兰谱共有32部，其中浙江艺兰名家编著的占七到八成，如《名种册》《兰花栽法》《艺兰记》《兰蕙同心录》《兰蕙小史》等。1962年，周恩来总理于杭州将一盆浙江产的春兰"环球荷鼎"赠送给日本友人松村谦三。30多年后，松村谦三儿子又将该花的后代，回赠给绍兴市兰花协会会长，成就了一段中日友好交流的佳话。

（二）种质资源丰富

浙江是春兰和蕙兰的主要产区，浙南是寒兰及建兰的主要产区，境内的括苍山、天台山、四明山、会稽山、天目山、雁荡山等都有丰富的野生兰花资源。

历史上的传统春兰、蕙兰名品，十有八九采于浙江山区。据赵令妹所著的《中国养兰集成》考证，从清顺治元年（1644）到1949年，我国选育并保存下来的春兰名品有138个品种，其中浙江有120个品种，约占总数的87%；选育并保存下来的蕙兰名品有81个品种，其中浙江有72个品种，约占总数的89%。由此可见，浙江兰花种质资源丰富。改革开放以来，新出现的春兰名品也大部分采于浙江；省外保育的春兰、蕙兰、寒兰等名品，浙江也基本拥有。

（三）科技投入加大

"十二五"以来，浙江省财政厅通过省农业新品种选育重大育种专项、省花卉产业技术团队推广、"三农六方"科技协作等项目，连续安排专项资金用于开展兰花种质资源利用、育种和新品种新技术研发、示范推广工作。长期以来，各级政府十分重视对优异兰花种质资源的保护、繁育推广和开发利用工作。在浙江省农业农村厅的指导和资助下，浙江省农业科学院（简称浙江省农科院）于2020年启动建设了浙江省兰花种质资源圃，以收集、保护和利用国兰优异种质资源。

近几年来，浙江省农科院兰花科研团队在中国兰花种质资源收集、保育、利用和繁育种等方面做了扎实的工作，每年持续有新品种育成，并制定了浙江省地方标准——《春兰生产技术规范》，解决了以往春兰组培苗移栽成活率低、生长速度慢、品质低、成品苗病虫害难以防控、开花率较低、盆花品质不高等一系列技术难题，这些基础性研究快速推进了兰花产业的发展步伐。

（四）产业初具规模

浙江民间一直有不少兰花爱好者，但随着历史变迁有所增减。改革开放以来，随着兰花产业得到恢复与发展，养兰队伍迅速扩大，社会各界人士参与其中，全省11个地级市的所有县（市、区）都有兰花从业人员分布，家庭养兰、兰苑植兰、企业育兰的模式逐渐发展壮大。其中，杭州、绍兴、衢州、宁波、台州、嘉兴、湖州等地尤为发达。例如，2016年湖州的浙江凤羽兰博园，占地面积45亩（1亩≈667平方米），打造出集生态种植、休闲旅游、行业教学、兰友交流为一体的综合型农旅项目；2017年绍兴市柯桥区漓渚镇被列入国家级田园综合体建设项目，2020年底建成了近千亩高标准兰花园区；2018年建德兰花产业示范园建成挂牌，该园区拥有21个共5000多平方米的智能化玻璃温室，13家兰花经营大户入园经营，是集兰花种植、交流交易、文化旅游于一体的综合园区。据2019年浙江省兰花协会系统统计，全省兰花专业经营主体有2000多个，专业从业人员6000多人，拥有100多万平方米的栽培设施和几十亿元的品种资源资产，年均营业额达上亿元。

（五）协会组织健全

1952年，杭州在广华寺建立兰苑，1957年并入杭州花圃兰室，是我国首个政府投资建设的兰室。1983年，绍兴市兰花协会率先成立，成为全国地级市首个兰花协会。翌年，绍兴市人民代表大会通过立法将兰花确定为市花；1988年，兰溪市兰花协会成立；1989年，绍兴县兰花协会成立；1990年，余姚市兰花协会成立；1992年，临海市兰花协会成立；1996年，浙江省花卉协会兰花分会成立；2016年3月，浙江省兰花协会升格为省一级协会。目前，全省11个地级市的60多个县（市、区）都成立了兰花协会或兰花学会，或者是花卉协会兰花分会等。在全省具有健全、独立、系统的兰花协会组织，在所有花卉品种中是绝无仅有的。兰花协会虽然是一个民间组织，但对兰花产业的发展起到了协调、指导、交流、服务等作用，受到兰花从业者的普遍欢迎。各级兰花协会通过举办、承办兰博会等活动，对引导产业发展、促进科普宣传、规范市场交易等都发挥了积极的作用。

**复习思考题**

1. 浙江历史上有多少兰谱？

2. 浙江现有国兰多少品种？

3. 浙江国兰产业现状如何？

XIAOYI FENXI

# 第二章 效益分析

国兰和许多可食用的花卉一样，既可食用又可药用。国兰的经济效益、社会效益和生态效益明显，在农业产业结构调整中，一些地方把国兰产业作为一项新的经济增长点，使其种植面积不断扩大。特别是面向大众消费市场的品种，能被大多数人所接受，具有市场覆盖面广、价格可为普通消费者接受、市场需求稳定等特点。

# 一、开发利用

## （一）食用价值

可食用国兰一般多用于泡茶。国兰泡茶，色泽碧绿、汤色透明，滋味清醇，闻起来香气迷人、喝起来回味甘甜，可与许多茗茶相媲美。若想国兰可以存储更长时间，可以将兰花剪下晾干，然后掺入茶叶中备用，用时取少量的兰花与茶叶，冲入开水浸泡一会就可饮用。同时，兰花的花朵还会恢复原来的形状，既美丽又清香。国兰的花朵还可以做汤，做汤前可以先用热水烫一下，保持花色，汤味鲜美。国兰还可做菜肴，香气扑鼻，回味无穷。

## （二）药用价值

国兰和许多可食用的花卉一样，既可食用又可药用。国兰的药用价值不可多得，根部可以治疗肺结核、肺脓肿及扭伤，叶可以治咳嗽，果实可以防治呕吐。特别是，蕙兰全株都可以药用，一般用于妇科病的治疗；春兰全株可以治疗神经衰弱、痔疮等。

## （三）观赏价值

国兰清香宜人、花姿动人，具有很高的观赏价值。将国兰放在家里或者办公室内，不仅香气迷人，而且花香持久，可以净化空气。国兰花态各异，微风一过，兰香阵阵，如同起舞的精灵。

**复习思考题**

1.国兰的食用价值有哪些？

2.国兰的药用价值有哪些？

3.国兰的观赏价值有哪些？

# 二、三大效益

## （一）经济效益

由于国兰的市场较大，经济价值较高，一些国兰产地把国兰产业作为一项新的经济增长点。这些地方利用国兰的规模种植，举办兰花展，促使国兰生产、加工、物流、销售全产业链快速发展，带动旅游业发展，衍生产业，以及促使龙头企业、农业种植专业合作社等新型经营主体的蓬勃发展，促进了国兰生产销售和国兰文化旅游收入。例如广东翁源县兰花产业园2019年通过"企业＋合作社＋基地＋农户"模式，带动1.8万多户农户参与种植国兰，户年均增收4.5万元；吸纳1.7万余名农村劳动力实现家门口就业，劳动力年均增收2.5万元；产业园内农村居民人均可支配收入达1.89万元，高出当地平均水平35%。

## （二）社会效益

在大力实施乡村振兴战略的背景下，政府在国兰产区围绕国兰生产，加快集成应用新装备、新技术，大胆创新经营体制机制，研发推广一批生态有机、高品质的高效农业技术集成模式。国兰产业已形成了集生产、销售、服务、信息、物流于一体的产业链，不仅对国兰业的发展产生了积极的推动作用，而且在解决农民就业、带动农民增收、促进社会和谐发展方面发挥了重要的作用，社会效益非常明显。

## （三）生态效益

国兰的欣赏较倾向于自然，可把国兰栽于盆中，保持其原有的姿态和情趣，以静态的方式欣赏国兰的天然之美、淡雅幽香和清心风韵，进而达到陶冶情操、培养美德的目的。同时，国兰产业的发展，从规划布局、产品流程及环境管理全过程强调生态、绿色环保和无公害理念，建立特色显著、效益突出、生态良性、经济可持续的产业经营体系，为农村生态环境改善和生态经济协调发展提供科学的工程示范和技术支撑。大规模连片种植国兰，提供了良好的生态环境，对保护生态环境具有积极的作用，生态效益显著。

1.发展国兰的经济效益如何？

2.发展国兰的社会效益如何？

3.发展国兰的生态效益如何？

## 三、市场前景及风险防范

### （一）市场前景

我国国兰市场由珍奇品种市场、大众品种市场和大众消费市场等多个市场组成。国兰珍奇品种市场历史悠久，但市场覆盖面小，品种价格高，市场波动大。国兰市场绝大多数的市场行为是投资行为，仅少量是欣赏行为，且花卉消费行为在珍奇品种市场不会出现。国兰大众品种市场，市场覆盖面比较广、品种价格不是很高，但较普通消费的花卉价格仍高很多，市场波动较小。国兰市场中的市场行为多数是欣赏行为，但也有少量的投资或投机行为。国兰大众消费市场在我国还刚刚起步。大众消费市场的品种能被大多数人所接受，具有市场覆盖面广、价格可被普通消费者接受、市场需求稳定等特点。

从市场角度来看，大众消费市场是珍奇品种市场的基础和源泉，只有通过大众消费市场才能广泛吸引消费者，不断培养新的国兰爱好者，使国兰爱好者队伍不断扩大。同时，国兰爱好者随着鉴赏能力的提高，可能会成为国兰珍奇品种的爱好者。因此，我国国兰产业应该包括国兰普通消费市场、国兰一般爱好者或者大众品种市场以及国兰珍奇品种市场等三个方面的市场，并且这三个市场的规模应从国兰普通消费市场到珍奇品种市场逐渐减小，呈金字塔形。

虽然目前经济形势对传统兰市的负面作用已经消退，但现代技术的作用正在加强，并将由此催生真正意义的规模化国兰产业，铺垫出一条国兰能够真正走进千家万户并走向世界的康庄大道。

### （二）风险防范

#### 1. 种植与环境

国兰并不是所有地方都可以种植，也不是任何地方种植后都可以优质、健壮。因此，种植前首先要掌握国兰的生长习性，了解种兰的技术要求；其次要选择适宜的气候与土壤，了解当地社会经济条件；再次要分清品系和品种；最后要避免检疫性病虫害苗木的引入。当然，各地也可选择在适宜的小气候或设施保护环境下栽培。

#### 2. 生产与销售

目前，浙江已种植一定数量的国兰，效益也比较可观。因此，浙江国兰产业随着投产面积进一步扩大，种植者须谨慎对待，种植国兰必须防止自身经济效益受损。建议从保护和开发利用我国丰富的国兰资源出发，提高园艺品种的创造性和开发利用水平，培育既具有国兰特色、又具有勤花和抗病特性的品种，攻克国兰种苗繁殖的技术难关，优化栽培设施和配套技术，制定国兰产品标准。国兰精品生产需规模化和大众化，扩大消费群，高档盆花价格合理归位，以获得更高的综合经济效益。

 **复习思考题**

1. 发展国兰的市场前景如何？
2. 发展国兰在生产上应注意哪些问题？
3. 发展国兰在销售上应注意哪些问题？

# 第三章　关键技术

　　国兰种植的关键技术可以分为产前和产中两个阶段。产前技术主要是选择适合本地种植的优良品种，做好种苗繁育工作；产中技术主要是国兰的栽培技术、催花技术、养护管理和病虫害防控。

# 一、主要种类和品种

## （一）春兰

春兰又称草兰、山兰、朵香。主要特征是植株较矮小，集生成丛。假鳞茎稍呈球形，很小，完全被叶的基部所包。成苗叶基逐渐张离，不再紧密抱合，每苗（束）叶片数 4~6 叶。叶片长 20~60 厘米，宽 6~11 毫米，顶端渐尖，边缘有细锯齿，叶柄痕较明显。鞘状叶长 6~8 厘米，薄革质。花莛直立，有 4~5 片长鞘；花苞片形似花莛上的鞘，宽而长，比子房和花梗的总长还要长。花单生，少数 2 朵；花浅黄绿色、绿白色或黄白色，有香气，直径 4~5 厘米。萼片同形，狭矩圆形，近等大，长约 3.5 厘米，宽 6~8 毫米，顶端急尖，中脉基部具紫褐色条纹。花瓣比萼片稍宽而短，卵状披针形，稍弯，基部中间有红褐色条斑；唇斑短于花瓣，3 裂不明显，先端反卷或反而下挂，色浅黄，有或无紫红色斑点；唇瓣中央由基部至中部产生 2 条褶片。蕊柱长约 1.5 厘米，花期在 2—3 月。

春兰是我国栽植最广泛的兰花之一。现在的大多数春兰品种由春兰原变种培育而来。我国云南、贵州、四川等地还分布有春兰的变种（即雪兰和线兰）。

栽培的春兰在花的形态上已经有了很大变化，一般野生春兰称为竹叶瓣，而栽培品种常分为梅瓣、荷瓣、水仙瓣和蝶瓣等几类。

春兰名品：梅瓣类，宋梅、集圆、叶梅、小打梅；荷瓣类，大富贵、环球荷鼎、绿云、翠盖荷；水仙瓣类，龙字、翠一品、西子、蔡仙素、逸品；素花类，玉簪素、素同荷、老月佩；奇花类，绿云、余蝴蝶、艳蝶、花蝴蝶、珍碟；叶艺兰类，彩虹之星、金泉、天山、台州之光、晶莹之花（见图 3.1—图 3.13）。

图3.1 宋梅

图3.2 大富贵

图3.3　环球荷鼎

图3.4　绿云

图3.5　翠盖荷

图3.6 翠一品

图3.7 玉簪素

图3.8 素同荷

图3.9 余蝴蝶

图3.10 老月佩

图3.11　台州之光

图3.12　晶莹之花

图3.13　天山

（二）蕙兰

蕙兰又称九子兰、九节兰、夏兰。根粗且长，假鳞茎不显著。叶

5~9叶丛生，叶片长25~80厘米，宽7.5~15毫米，直立性强，中下部常内折，边缘有粗锯齿，中脉显，有透明感。花莛直立，高30~80厘米，苞片接近子房长，膜质半透，贴抱子房，基部不合生。有花5~18朵，花直径5~6厘米，花浅黄色或绿色，有香气，稍逊于春兰。萼片近相等，狭披针形，长3~4厘米，宽5~6毫米，顶端锐尖；花瓣略小于萼片；唇瓣短于萼片，从基部至中部有2条稍弧曲的褶片，3裂不明显。侧裂片直立，有紫色斑点；中裂片呈长椭圆形，上面有许多透明小乳突状毛，边缘具短缘毛，有白色带紫色斑点。花期在3—5月。

蕙兰与春兰的分布地域相似，以产地为浙江省的最负盛名。蕙兰经人工栽培后，往往叶片变宽、变短。蕙兰由于栽培历史悠久，有许多变异品种，按瓣形也分为梅瓣、荷瓣、水仙瓣、蝶瓣等几类。

蕙兰名品：梅瓣类，程梅、上海梅、老极品、解佩；荷瓣类，郑孝荷、映日荷、大福荷、银荷；水仙瓣类，大一品；素花类，潇湘素、常山素、万德素；奇花类，神州素奇、好运牡丹；叶艺兰类，福星、天鹤、章熙义仙（见图3.14—图3.22）。

图3.14　程梅

图3.15　映日荷

图3.16　大福荷

图3.17　潇湘素

图3.18　常山素

图3.19 万德素

图3.20 好运牡丹

图3.21 天鹤

图3.22 福星

（三）建兰

建兰又称四季兰、剑蕙、雄兰、骏河兰、秋蕙、剑叶兰、夏惠。建兰长根粗如筷子，常有分叉。假鳞茎微扁圆形，在地生兰中居第二大，集生。成苗叶基张离，而不抱合，每苗（束）叶片数2~6叶丛生。叶片长30~70厘米，宽0.8~1.7厘米，薄革质，黄绿色，略有光泽，中段增宽而平展，顶端渐尖，主脉居中，明显后突，边缘有极细而不甚明显的钝齿。花莛直立，高25~35厘米，常低于叶面，通常有花4~9朵，最多可达18朵；苞片呈长三角形，一般短于子房连花梗，花序上部花的苞片长不及1厘米，下部最长约1.5厘米，苞片基部有蜜腺。花浅黄绿色，直径4~6厘米，有香气。含苞时，唇瓣一侧朝上；开放时，扭转180°呈直立状。萼片短圆披针形，长约3厘米，宽5~7毫米，浅绿色，顶端色较深，向基部渐淡，有3~5条较深的脉纹。野生的建兰花多为黄绿色或乳白、浅黄色，花瓣色较浅而具紫红色条斑，相互靠拢，略向内弯；唇瓣卵状长圆形，3裂不明显，侧裂片浅黄褐色，唇瓣中央有2条半月形褶片，褶片白色，中裂片端钝，反卷，浅黄色带紫红色斑点。花期在7—10月，有些品种在12月开花，有些植株从夏季到秋季开花2~3次，故被称为四季兰。

建兰分布在福建、广东、广西、贵州、云南、四川、湖南、江西、浙江、台湾等地，为我国广大人民所喜爱，栽培历史悠久，品种也多。

建兰名品：梅瓣类，一品梅、常乐梅、夏皇梅、王子梅、绿梅；荷瓣类，晶荷、金荷、四季荷、君荷；水仙瓣类，卢州荷仙、铁嘴水仙；奇花类，梨山狮子、复兴奇蝶、四季华光蝶、玉雪天香；叶艺兰类，锦旗、金丝马尾、彩虹、铁骨水晶；素心类，高品素、观音素（见图3.23—图3.32）。

图3.23　君荷

图3.24　常乐梅

图3.25　夏皇梅

图3.26　卢州荷仙

图3.27　梨山狮子

图3.28　锦旗

图3.29 观音素

图3.30 一品梅

图3.31 金丝马尾

图3.32 高品素

## （四）寒兰

寒兰也称冬兰，有大叶寒兰和小叶寒兰之分。小叶寒兰形态与建兰相似，但两者花的形态差异较大，小叶寒兰根略比建兰细，且有分叉。假鳞茎呈长椭圆形，集生成丛。苗（束）状成苗叶基逐渐张离，而不再紧密抱合，每苗（束）叶片数3~7叶，直立性强，长35~70厘米，宽1~1.5厘米，宽叶品种长60~110厘米，宽1.5~2.2厘米。叶缘全缘或先端有锯齿，叶柄痕可辨认，鞘状叶长10~11.5厘米，叶薄革质，上部披拂下垂；叶深绿色，叶面平展、光亮，中脉向背面突出。花莛直立，长于叶面或与叶面近相等，花疏生，开花时花莛上有花5~10朵。花苞片狭披针形，一般长1~2.5厘米，位于花莛轴下面的苞片长可达4厘米。萼片片广线形，长约4厘米，宽0.4~0.7厘米，顶端渐尖；花瓣狭长，中脉紫红色，基部有紫晕；唇瓣不明显3裂，侧裂片半脚形，直立，有紫红色斜纹，中裂片乳白色，中间黄绿色带紫色斑纹，唇盘由中部至基部具2条相互平行的褶片，褶片黄色，光滑无毛（见图3.33—图3.37）。有香气。寒兰的新苗叶中脉两侧色白亮，占整片叶宽的1/3，其双侧的绿色部分有明显龙骨节状的隐性绿色斑纹，这些特征是寒兰独有的，是鉴别

图3.33　素心

图3.34　绿瓣素心

图3.35　叶艺草

图3.36　复色花

图3.37　绿花

寒兰的最准确依据。大叶寒兰，植株高大，长势旺盛，株型与蕙兰比较接近，花葶直立，高达 1 米，花莛上有花 10~20 朵，花清香。花期因地区不同而有差异，自 7 月起就有花开，但一般集中在 11 月至翌年 1 月开花。

寒兰主要分布在福建、浙江南部、安徽、江西、湖南、广东、广西、云南、贵州、四川等地。

寒兰名品：由于受中国传统赏兰观的影响，人们对寒兰品种的选育较晚。

### （五）墨兰

墨兰花期多在春节期间，故又称报岁兰、拜岁兰、丰岁兰、入岁兰、入斋兰。墨兰根粗而长，假鳞茎呈椭圆形，粗壮。成苗叶基逐渐张离，而不再紧密抱合，每苗（束）叶片数 3~5 叶，剑形，直立或上半部向外弧曲，长 45~80 厘米，宽 2.7~5.2 厘米，叶近革质，叶色浓绿而富有光泽，叶背相对较粗糙，叶缘微后卷，全缘或端缘有细叶齿，顶端渐尖，基部具关节。花莛由假鳞茎基部侧面抽出，直立，通常高于叶面，一半在叶丛面之下，一半在叶丛面之上，为特大出架花。花莛上有花 7~21 朵，多可达 40 余朵（见图3.38）。花苞片被针形，长 6~9 毫米，花莛最下一枚苞片显著较长，可达 2~2.3 厘米，呈紫褐色，基部有蜜腺。萼片狭披针形，长 2.8~3.3 厘米，宽 5~7 毫米，淡褐色有 5 条紫脉纹；花瓣较短而宽，向前伸展合抱，覆在蕊柱之上，花瓣上具 7 条脉纹；唇瓣 3 裂不明显，浅黄色而带紫斑，侧裂片直立，中

图3.38　墨兰

裂片端下垂反卷，唇盘上面具2条黄色褶片，几乎平行。花期在9月至翌年3月。

墨兰分布于福建、台湾、广东、广西、云南等地，在我国栽培历史悠久，品种也很多。

墨兰名品：梅瓣类，金桂梅、闽南大梅；荷瓣类，绿云；水仙瓣类，仙兰；奇花类，大屯麒麟、玉狮子、国香牡丹、复翠、文山奇蝶；叶艺兰类，鹤之华、爱国、大石门、万代福、养老。

## （六）春剑

春剑，原为春兰的一个变种，后根据它的叶型和花型，从春兰中分离出来成为一个独立种（见图3.39）。春剑的形态特点是根粗细均匀；假鳞茎比较明显，圆形。成苗叶基仍紧密抱合成束，每苗（束）叶片数4~6叶，长50~70厘米，宽1.2~1.5厘米，叶缘具极浅

图3.39　春剑

细锯齿，叶柄痕不明显。鞘状叶长9~15厘米，薄革质，紧裹叶束。叶坚硬，多刚健直立，犹如绿色宝剑。花莛直立，高20~35厘米，有花3~5朵，少数可多至7朵；苞片比子房连梗长，有香气。萼片长圆被针形，长3.5~4.5厘米，宽1~1.5厘米，中萼片直立，稍向前倾，侧萼稍长于中萼片或等长，左右斜向下开展。花瓣较短，长2.5~3.1厘米，宽1~1.3厘米，基部有3条紫红色条纹；唇瓣长而反卷，端纯。花期在1—4月。

春剑分布在四川、云南、贵州等地。

春剑名品：西蜀道光、银杆素、大红朱砂、水朱砂。

## （七）莲瓣兰

莲瓣兰又称小雪兰。成苗叶基张离，而不抱合，长35~50厘米，

宽4~6毫米。每苗（束）叶片数6~7叶，叶缘具细锯齿。叶柄痕不明显，鞘状叶长7~10厘米，薄革质，叶线性，叶质较硬，叶片斜上生长5~6厘米后逐渐弯曲下垂。花莛低于叶面，鞘及苞片白绿色或紫红色。有花2~4朵，稀5朵，花直径4~6厘米，以白色为主，略带红色、黄色或绿色。萼片三角状披针形，花瓣短而宽，向内曲，有不同深浅的红色脉纹；唇瓣反卷，有红色斑点。有香气。花期在12月至翌年3月。

莲瓣兰产于云南西部，有不少变异，梅、荷、水仙各式瓣型都有，花色各色俱全。

莲瓣名品：大雪素、心心相印、剑阳蝶（见图3.40—图3.41）。

图3.40　心心相印　　　　　　　　　图3.41　剑阳蝶

 **复习思考题**

1.春兰有哪些栽培品种？

2.建兰主要分布在我国哪些地区？主要品种有哪些？

3.寒兰主要分布在我国哪些地区？

## 二、繁殖方法

国兰在人工培育前都是生长在自然山林中的，为了延续后代，大多通过花、果实、种子繁衍。当人们把许多具有较高观赏价值的兰株从山上引种下来栽培后，为了提高国兰的观赏价值，人们在漫长的栽培过程中不断改善栽培技术，利用各种手段进行定向培育和人工选择，使国兰中花朵硕大、色泽鲜艳、香味浓郁、瓣形优雅的变种和变型保留传承下来。

国兰繁殖方法有无性繁殖和有性繁殖两种。

## （一）无性繁殖

国兰无性繁殖是指利用兰花植株营养器官的再生能力，诱使其产生新芽和不定根，然后由这些新芽形成国兰的地上部分，不定根形成新的根系，从而长成新的植株。无性繁殖培育出的国兰小苗，由于没有经过雌雄性细胞的结合，它没有完成一个个体发育周期，只是继续着国兰植株母体的个体发育阶段，因此不容易因环境条件的变化而发生变异，更不会出现返祖现象。所以无性繁殖的国兰成活后，只要能长出足够的叶面积并积累足够的营养，就能开出与母体一样的花朵，保持国兰原品种的固有特性。一般家庭小规模地繁殖国兰多采用分株法和假鳞茎培养法这两种无性繁殖方法；大规模生产国兰多采用组织培养法，这是一种特殊的无性繁殖方法，可以实现国兰工厂化育苗。

### 1. 分株繁殖法

国兰繁殖的传统方法是分株，尤其是在种植量不大，或家庭繁殖国兰时，基本采用分株繁殖。分株繁殖又称分盆，这种繁殖方法操作比较简单、容易掌握、成活率高、增株快、不损伤兰苗，分株方法得当也不影响开花，还能确保国兰品种的固有特性，不会引起变异。所以这种繁殖方法一直沿用至今。

国兰分株不仅是繁殖的需要，也是为了让兰株更好生长。盆栽的国兰由于新苗的不断增多，老的假鳞茎也并不立即死亡，到了一定的时间便会出现拥挤现象，不及时分株会影响国兰的正常生长和发展。在正常情况下，种植 3 年即可进行换盆分株繁殖。从簇兰的株数上来看，一般长到每簇 4 株连体，均可以分株。但是有时为了加快良种的繁育速度，或者是为了防止芽种退化，3株连体，甚至2株连体的簇兰也可以换盆分株。

（1）分株季节。国兰分株繁殖的时间应在休眠期前后。一般情况下，只要不是在国兰的旺盛生长季节，均可以进行分株，但比较适宜的时节还是在国兰的休眠期。如果在国兰春季新芽萌发后分株，操作就很不方便，稍不留心即会碰断、碰伤新芽。所以秋分时节，即休眠期的早期分株，能使国兰较好地生长。国兰一般在3—4月或9月下旬至11月上旬分株，秋分的前10天与后10天是春兰、蕙兰的最佳分盆时间，而墨兰、建兰、寒兰在春分前后分株较好。间隔2~3年进行1次分株。

（2）分株准备。为了分株时操作方便，可在分株前让盆土适当干燥，使根发白，产生不明显的凋缩，这样本来脆而易断的肉质根变得绵软，分株和盆栽时可以减轻伤根。当然，过于干燥对国兰的生长也有不利的影响。另外，还要准备好分株后栽植的花盆、盆栽材料及各种工具。

（3）兰苗选择。繁殖用的国兰母株应当在7苗以上，健壮，根系完整，无病虫害。建兰2~3年分1次盆，蕙兰有8~9个假鳞茎时才能分株，春兰可以稍少一些。国兰分株不宜太勤，因为分株对根有伤害，根伤得太多，分株后不易管理，恢复较慢，新芽长不大，形不成花芽。

（4）脱盆方法。在分盆前5~7天应施1次"离母肥"，以利分盆后的国兰元气充足，加快恢复生长。分盆时的盆内植料要稍干一些，以防伤至新根和兰芽、花苞。在操作过程中切忌生拉硬拽，需用手掌轻敲盆壁两侧，以便植料脱盆。

分盆时首先用左手五指靠近盆面伸进兰苗中，用力托住盆土，右手将盆倒置过来，并轻轻叩击盆的四周，使盆土与盆脱离。再用右手抓住盆底孔，轻轻将盆提起，兰苗土坨便会从花盆中脱出。然后将兰苗及盆土平放，不使土坨突然散裂，以免国兰根系折断。在土坨稍干的情况下，细心将土坨轻轻拍打松散，小心抓住没有嫩芽的假鳞茎，不要伤及叶和嫩茅，再逐步将旧盆土抖掉（见图3.42）。剪除已枯黄的叶片、假鳞茎上的腐败苞叶及已腐烂干空的老根。有新芽的假鳞茎上的叶片应尽量保留，否则，新芽生长慢而小，叶片已完全脱落的假鳞茎也应剪掉，需要时还可以作为繁殖材料使用。如果分盆前盆土未经干燥，过于潮湿，应将苗根用清水洗一下并晾干，待根发白变绵软时再进行清理和修剪。

图3.42　兰花分盆

（5）清理消毒和分株。国兰下盆以后，慢慢抖掉兰根周围的植料，用消过毒的兰剪清理残根败叶，把盘绕的根系散理顺，放入水中清洗，然后移放到通风阴凉处，等根部变软后，再进行分株。

分株一定要有目的，如果是观赏型的，每个单位应在5苗左右，最好是从兰苗基部已形成"马路口"之处分离（见图3.43）；如果是经济产出型的，则要以多发苗的原则来分株。"兰喜聚簇而畏离母"，聚簇的国兰有较强的抗逆性、适应性，能协调好生殖生长和营养生长的关系。实践证明，二三代连体丛植，不仅易开花，而且所萌发的新芽也会更强壮；而拆散单植，不仅极少能当年开花，且单植后所萌发的新株多瘦弱，株叶数减少，叶幅变窄，株高变低。所以，没有特别的莳养条件与技术，还是不宜拆散单植。但如果莳养与技术条件较好，除蕙兰外，其他国兰只要假鳞茎饱满充实，根系发达完好，起

图3.43　兰花分株

发壮苗完全可以单株栽培。蕙兰由于假鳞茎过小，积聚养分有限，一般不宜单株种养，分株也不宜过勤，以4~5株连体种养为好。壮苗可以1苗或2苗分为1个单位，老苗可以1苗分为1个单位，无根的老苗的假鳞茎可用水苔包好后再栽，以利保水和发苗出根。分株时务必不要碰伤假鳞茎基部的幼小叶芽。如伤口大呈水渍状，可用托布津粉或新鲜的草木灰涂在伤口上，以防止菌类感染，从而引发腐烂。同时把其中的干空假鳞茎和空根、黑腐根剪去，盘曲过长的老根可在适当处剪断去掉，还应剪去基部的干枯甲壳和花秆。

分株前，要从最新的植株上溯其母株，逐一往上推，从株叶的色泽和老嫩，便可看准其生长的代数。代与代之间，就是可分离的线路。分株时，选择已经清理好的较大丛植株，找出两假鳞茎相距较宽、用手摇动时容易松动的地方，先用双手的拇指和食指捏住相连的假鳞茎轻轻掰折，当听到撕裂的响声时，再用消毒剪刀剪开其连接体。剪时最好能在剪口处涂上炭末或硫黄粉，防止因伤口引起根部腐烂。注意使剪开的两部分假鳞茎上都有新芽，各自能单独发展成新的植株。剪开的每一部分最少应有3个假鳞茎，太少对新生芽生长不利，也不易开花。分株后，兰花的剪口、伤口处都要涂上植物愈合剂或达克宁药膏等杀菌药消毒。兰根尽量不要水洗，避免伤口感染菌类，可直接植入新盆。

国兰入盆前，栽培植料都要消毒。最简单的办法是在高温天气将栽培植料摊在水泥地上暴晒3~7天。也可以用水蒸气消毒，只要水蒸气通过基质1小时就可以达到消毒效果。此外，用40%甲醛溶液加50倍水喷洒栽培植料并密封两周，启封后晾10~20天即可使用。

### 2. 假鳞茎培养法

国兰有它特定的生理特性，通常每个老假鳞茎下部有两个芽（上部还有隐芽），一般每年只萌发1个，另1个处于休眠状态。在分株繁殖时常常会剪下一些老的假鳞茎，这些老的假鳞茎不要轻易抛弃，它们也是宝贵的繁殖材料。

（1）假鳞茎催芽的环境条件。用国兰的老假鳞茎催芽，要根据国兰的生理特点选择催芽的最佳时期，创造老假鳞茎发芽最适宜的环境条件。国兰的最佳生长季节就是老假鳞茎催芽的最佳时期，浙江地区一般是每年的3—10月，日温在25℃左右。老假鳞茎发芽最适宜的环境条件为合适的温度，湿润、通气、透水的条件，良好的土壤或栽培基质。

催芽时要注意光照的控制，日温20℃以下可让其晒太阳，30℃以下要遮阳，30℃以上绝对不能让阳光直射，应选择最阴、最凉爽的地方，只要有光线即可。

老假鳞茎出芽短则50天，长则几个月，与温度的高低紧密相关。如在11月进行老假鳞茎的催芽，一般要到翌年的4—5月才能出芽。

（2）有叶假鳞茎的催芽。

①清根：将兰株从盆中取出，清除已枯的鞘叶，洗净，然后扭转相连的假鳞茎，使假鳞茎连接处半断又不断，紧连带叶的假鳞茎不要扭转，以便带叶的假鳞茎发芽时有充分的养分供给。原则上饱满的根系留下，烂根、空根清除。

②杀菌：用托布津之类的杀菌消毒剂，按说明书中的配比稀释成消毒液，把假鳞茎放入浸泡2~3分钟用以消毒杀菌，浸泡时间不能长。

③入盆：按正常的植兰方法把处理后的老假鳞茎连兰根部重新植入盆，先用传统的植料填至老假鳞茎下面约1厘米，再用透气性好的植料覆盖至老假鳞茎上面约0.5厘米。

④保湿：选用"促根生"之类的生长调节剂，按说明书中的配比对兰株浇洒。如施用"兰菌王"这样的生长调节剂，需注意要在有阳光的条件下才会生效。平时管理同其他兰花一样，无需特定的条件，关键在于平时兰盆的保湿，每10天浇洒1次生长调节剂，交换使用促进生根的生长调节剂则效果更佳。经过一段时间养护，基本上老假鳞茎都能生长出完好的新芽，也无需换盆，只要和其他兰花一样管理，做到薄肥勤施，老假鳞茎壮实的翌年还可能复花。

（3）无叶假鳞茎的催芽。无叶假鳞茎无论是否有根，只要假鳞茎饱满、无伤病，均能催芽成功。

①清根：剥除老假鳞茎上面的叶鞘，去掉枯叶及病根烂根，用清水洗净后，将假鳞茎进行半分离（最好不要单个种植，单个催出的新芽不易成苗，而且难护理）。

②杀菌：用托布津之类的杀菌消毒剂，按说明书中的配比稀释成消毒液，浸泡老假鳞茎2~3分钟，晾干2~3天，使假鳞茎在扭转过程中的创伤愈合。

③入盆：按正常的植兰方法重新植入盆中，假鳞茎以下的植料一般选用原植兰方法的植料，目的是保证老假鳞茎尚有根部养分的供养和吸收，以便催芽成功后有充分的养分供应新芽，促进新芽快速长根。植入时在老假鳞茎芽点周围放一些保湿材料，如水苔之类；老假鳞茎及假鳞茎以上选用透气性植料覆盖约0.5厘米。植料颗粒约米粒大小，以后浇定盆水等管理与平常护养方法相同。经常保持湿润和温暖的环境，在1~2个月后大约每个老假鳞茎能生出1~2枚新芽，而后在新芽基部生根，细心培养可以成为新的植株。

生产中还可以将老株的根、叶故意剪掉，将多数假鳞茎消毒后，用苔藓栽植在大花盆或木箱中，俗称"捂老头"，以促其萌生新芽，加速繁殖或促其产生叶变。

（4）倒苗后的老鳞茎处理。由于管理的疏忽或气候的原因，如植料过酸、过碱，氮肥过量，兰盆消毒不严等造成的兰花倒苗，均可采取此法。

此种倒苗一般多发在5月以后，特别是梅雨季节。一旦发现要立即起盆，与其他兰盆分离，把起盆的兰花冲洗干净，清除枯烂叶及枯烂根，饱满的根一定要保护好。在清理此时的老假鳞茎时要格外小心，因为此时的倒苗假鳞茎上可能有萌芽，这些萌芽实际上是初春就有的，因兰盆发病倒苗根系不好，无充足的养分供养而无力出芽，只要不破坏，这些萌芽点在适宜的环境下还能自然出芽。

此时的假鳞茎不能采取半分离的办法，而应当让原有假鳞茎集中养分生根、发芽。兰叶剪去1/3左右，脱水苗剪去2/3，整理好后，用70%甲基托布津可湿性粉剂1000倍液或50%多菌灵可湿性粉剂

1000倍液之类的杀菌剂浸泡消毒2~3分钟即可上盆，植料选用米粒大小的透气植料，无根、无叶的假鳞茎周围放一些水苔之类的保湿材料，其目的是保湿、保养分。植料要覆盖假鳞茎0.5~1厘米，然后用800倍的"促根生"或6000倍的"喜硕"浇定盆水，每10天1次，平时注意保湿，还有萌发新芽的可能。此时的新芽相对较弱，平时护养要注意防病，原则上每月1次浇甲基托布津可湿性粉剂1000倍液之类的杀菌剂。植盆选用透气高盆，种植于盆的2/3处以利于高温时的保湿。

（5）注意事项。

①催芽时间：应在每年国兰落花后结合翻盆进行老假鳞茎的催芽，此时假鳞茎催出的芽粗壮有力，气候也适应新芽的生长，不提倡反季节催芽。虽一年四季均可催芽，但对兰花新苗生长不利。不过有温室条件的一年四季均可进行催芽。

②严禁暴晒：老假鳞茎的暴晒或翻晒虽催芽迅速，但催芽成功后新芽生长瘦弱。随着新芽的生长，老假鳞茎一般就随即死亡，新芽的自供能力差，根系尚未完整，加之气温的升高，护养难度极大。即使护养成功，翌年也很难有新芽的萌发，原因在于老鳞球茎通过暴晒及翻晒后严重脱水，虽刺激了芽点，但在催芽成功后无充足的养分来供养新苗。正确的做法是在气温10~15℃时，适当地晾晒老假鳞茎，以利伤口的愈合。

### 3. 组织培养繁殖法

国兰组织培养又叫离体培养，指从国兰植物体分离出符合需要的组织器官等，通过无菌操作，在人工控制条件下进行培养以获得再生的完整国兰植株的技术。植物组织培养有器官培养、组织培养、胚培养、茎尖培养、花药培养、细胞培养等方法，兰花的组织培养主要采用茎尖培养法和叶片培养法。

茎尖培养法的基本步骤为：采集腋芽或花芽 → 消毒灭菌 → 接种在配制好的培养基上 → 形成根状茎 → 诱导生根 → 形成小苗 → 炼苗 → 上盆。

（1）采集和灭菌。

①培养物采集：正在生长中的芽是最理想的用于组织培养的外植体采集物，但由于各属和种不同，采集芽的大小有区别。一般大花蕙兰的采集芽为3~8厘米，国兰为2~3厘米。

切芽前要选择生长健壮的兰株，将植株漂洗干净，尤其是带芽的部分，更要注意清洗。取芽时，将清洗干净的兰株放在工作台上，用消过毒的探针和刀片将芽取下。切取下来的芽包括数个隐芽（休眠芽）和生长芽，生长芽是细胞分裂活动最旺盛的部分，也是培养成功率最高的部位；休眠芽也可以用来培养，但由于该芽体积比较小，剥离比较困难，生长也较慢，有时还要在培养基中加入植物生长调节剂来打破其休眠。

②培养物消毒灭菌：切下的芽要先放在不锈钢托盘等容器中，用流水充分冲洗约30分钟，并把最外面的1~2片苞叶去掉，然后放在10%次氯酸钠溶液或漂白粉溶液（10克漂白粉溶解于140毫升水中，充分搅拌以后静置约20分钟，取上清液）中浸10~15分钟。灭菌的时间和灭菌液的浓度应根据芽的大小和成熟度及不同种、属进行或多或少地调整，做到既要防止菌类的污染，又要避免因灭菌液的杀伤作用而引起组织坏死。

灭菌后的芽，应在无菌条件下剥离和切割。操作间和工作台都要用消毒液充分消毒。剥离出芽的大小要依培养目的而定。如果是以消除病毒为主要目的，芽只要利用其茎尖生长点的部分，要尽量小，通常可以小到0.1立方毫米；以繁殖为目的的培养物，可以大到2~5立方毫米。切割芽的体积越小，越难成活。大体积的剥离可以肉眼直接操作，太小则需要在解剖镜下才能看清。如果是在接种箱内剥离和切割的，剥出的组织可以直接接种在已准备好的培养基上，用卫生药棉封好三角瓶的瓶口，在瓶上做好标记，而后集中移到培养场所。

（2）培养器材及栽培环境。

①基本仪器设备与用品。

仪器设备：超净工作台（接种箱）、高压灭菌锅（手提式、立式或卧式）、小推车（可选）、精密电子天平（至少千分之一）、电子天平或托盘天平、酸度计、普通冰箱、烘箱、解剖镜、光照培养箱（选购）、电炉、微量可调移液器及配套吸嘴、移液管架、磁力搅拌器（可选）、不锈钢托盘、灌装机（可选）、培养架、定时器（控制光照时间）、紫外线杀菌灯、照度计（可选）、温湿度计（可选）、蒸馏水器、摇床（可选）、针头滤器及配套滤膜。

小型用品：枪镊、弯剪、解剖刀、接种盘。

玻璃器皿：组培瓶（玻璃或塑料）、烧杯、量筒、移液管、试剂瓶、容量瓶、试管、酒精、玻璃棒、滴瓶。采芽后，培养的初期可以用50~100毫升的小培养瓶，而幼苗后期的生长阶段则需要较大的培养瓶，可以用200~500毫升的三角瓶。目前多用一次性的耐高温平底塑料瓶，省事，效果也好。

组培药品：详细药品视各配方不同而定。

其他：吸耳球、刷子、记号笔、定时钟、手套、封口膜、卫生药棉、拖鞋、口罩、白大褂、滤纸、洗瓶。

②培养环境条件。在兰花组织培养过程中，温度、光照、湿度等各种环境条件，都会影响国兰组织培养苗的生长和发育（见图3.44）。

图3.44　国兰组培苗

光照：在国兰组织培养中，通常采用的光照强度约为2000勒克斯，每天光照时间12小时，黑白交替。目前多用40瓦日光灯，在灯管下15~20厘米培养。

温度：最好恒定在22~25摄氏度。温度低生长缓慢，温度高容易发生褐变，尤其是夏季，应特别注意防止高温。

湿度：环境的相对湿度可以影响培养基的水分含量。湿度过低会使培养基丧失大量水分，导致培养基各种成分浓度的改变和渗透压的升高，进而影响组织培养的正常进行；湿度过高易引起棉塞长霉，造成污染。一般要求相对湿度保持在70%~80%，常用加湿器或经常洒水喷雾的方法来调节湿度。

空气：氧气是组织培养中必需的因素，瓶盖封闭时要考虑通气问题，可用附有滤气膜的封口材料。通气最好的是棉塞封闭瓶口，但棉塞易使培养基干燥，夏季易引起污染。固体培养基可加进活性炭来增加通气度，以利于发根。培养室要经常换气，改善室内的通气状况。液体振荡培养时，要考虑振荡的次数、振幅等，同时要考虑容器的类型、培养基等。

清洁卫生：注意保持培养室的清洁、干燥，与外界空气交流不要太多，这样可以避免培养瓶的再污染。

（3）培养基的选择。国兰培养基有许多种类，要根据不同的国兰种类和培养部位及不同的培养目的选用培养基。在国兰茎尖培养工作中，要求有4种培养基：第一种是适于形成原球茎的培养基；第二种是适于根状茎增殖的培养基；第三种是适于从根状茎分化芽和根的培养基；第四种是适于分化后的幼苗迅速生长的培养基。对于国兰来说，与上述情况不完全相同。国兰通过茎尖培养，首先形成的器官虽和原球茎相似，但以后则不大相同，它不能直接从原球茎形成幼苗，而是形成根状茎，再由根状茎形成幼苗。因此，在具体到各个种、属的培养时，还有一段摸索和研究的过程。

①适于形成原球茎的培养基：从芽上剥出的生长点直接接种用，形成原球茎的培养基。对于许多国兰来说，MS培养基的配方最好。

另外，KC 培养基也不错。

②适于根状茎繁殖的培养基（继代培养）：大花蕙兰用 KC 培养基 +10% 椰乳作液体培养，通过 70 天的培养，生长指数可以达到约 200（是原来的 200 倍）。在 KC 培养基 + 萘乙酸（NAA）1 毫克 / 千克 + 细胞激动素（KT）0.01 毫克 / 千克的固体培养基上也有比较好的效果。

③适于从根状茎分化芽和根的培养基：一般情况下，根状茎分化苗不太容易分化，用基本培养基固定培养时通常就能分化幼苗和根。先出芽后生根，形成新的个体。添加植物生长调剂可以促进分化。

④适于分化后的幼苗迅速生长的培养基：一般情况下，用基本培养基可以连续完成第（3）步和第（4）步工作。但有实验表明，培养基不同，幼苗生长的健壮程度是有区别的。

（4）试管苗移栽。试管苗一般长至 5~8 厘米，有 3 片以上的叶和 2~3 条成熟根时，炼苗 15 天以上，保持较强的散射光（约 5000 勒克斯），然后打开瓶盖放置 2~3 天，即可以移出培养瓶，栽种到盆里。出瓶移栽最适时期为春季，日平均温度稳定在 15℃以上。秋季 9 月、10 月也可。苗稍大些移栽成活率高，但太大又不易出瓶。栽培用的材料同播种苗，每盆栽种 10 余株。移栽后空气湿度应控制在 75%~80%，散射光强度控制在 1000~3000 勒克斯，每 15 天喷施 1 次 75% 百菌清 1000 倍液，或 4.8% 代森锰锌 1000 倍液；杀虫剂视实际需要而定。3 个月后，每 10 天喷施 1 次水溶性复合肥（氮：磷：钾为 6：7：19）3000 倍液，冬季减少喷施次数。

从试管中取出的幼苗要用水轻轻将附着在根上的琼脂洗掉，以免琼脂发霉引起烂根。另外，为了避免出瓶困难，在配制培养基时，可适当减少些琼脂，降低培养基的硬度，便于幼苗出瓶。盆栽小试管苗必须特别细心，因为它十分脆弱，很易受伤。为了能使试管苗得到一些锻炼，可在出瓶前 24~48 小时把瓶盖全部打开或打开一半，使幼苗叶片增强一些抗性。但打开时间不要太久，以免引起培养基发霉。

盆栽试管苗需放在与培养室温度差不多的温室中（约 25℃）。湿度应稍高些，但盆栽材料和叶片不能经常着水，以免引起腐烂。温室内应有较强的散射光，或有30%左右的阳光能照射到室内。每周施1次液体复合肥（氮∶磷∶钾为20∶20∶20），浓度在0.1%左右，进行叶面喷洒或根部浇灌。每周喷1次抗菌剂，1个月后可移至光线稍强的地方。注意不同种类的国兰对光照强度的要求不同。待苗长大后注意分盆，每盆栽种1株，由于种类不同，生长快慢差异较大。生长快的种类，盆栽后6~8个月可以开花。有些种类要3~4年，但一般情况下，组培苗比播种苗开花期要提早许多。

①出瓶处理：瓶苗引进后放在花架上约1周。出瓶前，先将瓶子盖完全打开，使瓶苗在自然环境中适应2~3天，再从瓶中移出。当幼苗全部取出后，先在清水中冲洗，然后用短毛笔轻轻地把附着在根上的培养基清洗干净，再用清水冲泡，否则易发生霉烂，按大小严格分级，置于铺有报纸的花架上（见图3.45—图3.46），必要时可用稀释后的杀菌剂喷洒。

图3.45　组培苗出瓶　　　　图3.46　出瓶的组培苗待移栽

②种植与管理：杀菌后的瓶苗，可种在苗盘上。苗盘使用一种多孔性不易积水的矮盘。植材选用较细的水苔。水苔浸泡洗净挤干，保存一定湿度，并进行杀菌处理。种植时先在盘上铺上一层1厘米厚的水苔，然后把幼苗的根部一株一株地包上水苔，卷成一小团，按株行距一株株地放置在苗盘上。幼苗种植时需要稳定，故不能放置太松，

同时大苗与小苗要严格分开种植。苗盘放置的地方要求光照弱，比较阴凉，通风好，湿度要达到80%~90%。种后用喷雾器将苗株与植材喷湿。每天向叶片喷水数次，但要严格控制，切忌过干或过湿。2周后，每周喷洒1次杀菌杀虫剂。20天以后新根长出，逐渐增加光照，每周进行1次根外追肥。6~8个月后，即可移植于10厘米软盆单株种植。

③幼苗期的培育：第一年可用直径10厘米软盆种植，每盆种1株。植料基质可用树皮粒、水苔或泥炭土加煤渣，直径为0.5~1.0厘米的颗粒。植料基质检测的pH值为5.1。夜温15~20℃，日温20~30℃。11月至翌年5月光照强度为15000~20000勒克斯，6—10月光照强度为30000勒克斯。11月至翌年4月大棚覆盖塑料薄膜，5月上旬除去塑料薄膜，换上50%的遮阳网。根据光照强度，必要时加2道可调节的遮阴网，避免日灼。注意通风，空气湿度保持80%~90%。定时灌水，特别是秋季气候干燥需水量多，每天都得灌水。冬天生长慢，需水少，2~3天灌1次。灌水在11时左右，应在植材表面变干泛白时灌水，水自盆底流出即可。

幼苗期一般以根外追肥为主，根据薄肥勤施的原则，每周1次，氮：磷：钾为8：3：8的复合肥料稀释1000倍施用。冬天一般不施肥，必要时以磷酸二氢钾稀释1000倍液进行根外追肥，避免造成腐根。

④中苗期的管理：第一年年底到翌年年初，换直径为12厘米软盆。每平方米框架可放25盆，翌年可加宽为15盆。使用植料基质颗粒可适当粗些，即1.0~1.5厘米换盆时不可伤根，换盆前后各浇水1次。11月下旬或12月上旬，把遮阳网拆下，换上塑料薄膜。室温控制在夜温18℃，日温23℃，光照40000勒克斯，12月以后尽量使光线射入。

换盆时在盆底施10克基肥（豆粕和骨粉7：3的比例混合作为固体肥料）。7月之前为促进生长，每月使用氮：磷：钾为20：20：20的通用复合肥1次，8月之后每星期施1次液肥，9月以后用磷酸二氢钾1000倍液根外追肥。

其间应充实分生假鳞茎。对于生长期假鳞茎上发生的芽，必须全部除去，但如生长有停顿之势，可将这种芽留下，以便更新。

### （二）有性繁殖

有性繁殖又称播种繁殖，用种子播种繁殖出来的兰花苗叫作实生苗，它生命力强，单株寿命长，开花等性状多变，可以利用这个特点进行杂交育种，培育出新型国兰品种。国兰有性繁殖分为有菌播种法和无菌播种法两种。

### 1.有菌播种法

有菌播种法是将种子播于母本盆面，也可简备苗盆、苗床播种，不要求高级的设施和管理条件，萌发率极低，但还是为一般养兰爱好者接受采用。

（1）在母本盆面播种。母本盆里有兰菌，种子可获得兰菌的帮助而提高发芽率，因此可因陋就简，在其盆面上铺一层0.5厘米厚的水苔屑（经水冲洗干净，拧干、切碎），然后把种子直接播在上面。此法虽最为简单易行，但易因浇施水肥而冲走细小的国兰种子，也易因浇施肥料而渍伤种子，因此出芽率甚低。

（2）专用盆播种。首先选用高简、有盆脚、底和周边多孔的无上釉的新陶器盆，洁水浸透。用清洁的泡沫塑料块垫盆底，厚约5厘米。取无工业废水污染的河边含泥浆的细沙50%（经日光暴晒多日），以及经消毒的山地腐殖土40%，蛇木屑10%，混合均匀为培养基质。把基质填入盆内至2/3盆高后，再铺1厘米厚的水苔屑。然后，选取"兰菌王"500倍液，并加入稀释液量20%的食用米醋。把种子放入此液体中浸泡24小时后，用过滤纸过滤其水分，并用洁净纸包裹后，放在日光下晒干。再把种子均匀撒播于专用盆的水苔屑之上。然后用喷壶盛浸种药液，淋洒盆面。在播种盆缘用竹片架设拱架，选用经冷开水洗净的黑色塑料袋把种盆套住，并在盆面的四面，各刺1~2个米粒大的小孔洞，以微透气。最后，把种盆置于有散射光照处。注意做好防冻、防高温和保湿工作。过4~12个月，种子便会相继萌芽。

## 2. 无菌播种法

无菌播种法指利用杂交育种，通过同属内国兰品种与品种之间、同种内国兰品种与品种之间杂交，整合双亲的某些优良性状来获得杂交后代，以期获得优良新品种的方法。

（1）良种培育。兰科、兰属内种间杂交的亲和性都比较强，国兰不仅可以进行种间杂交，还可以进行属间的杂交。但兰属与别的属的杂交成功率并不高。在进行国兰良种培育时，首先要明确育种目标，即育种者想获得什么样的遗传性状，如要获得梅瓣品种、荷瓣品种、还是红色花品种。然后根据育种目标进行亲本的选配，在以上工作的基础上，再进行采集花粉、花粉处理、人工授粉等一系列具体的工作。

①设定育种目标及亲本选配：兰属植物遗传背景复杂，种间杂交产生的第一代外观性状往往表现参差不齐。

株型叶态的优选：如果要培育矮种奇叶的新种，或是要培育叶幅宽、株叶数多的良种，应当选择在这些方面具有明显特征的父母本。

花葶姿态与高度的优选：要培育出花葶高出叶丛面（出架花）的品种，也必须优选花葶高、细圆而笔挺的父母本。

花形与披彩的优选：要创育瓣型花，或披彩撒斑别致的新良种，优选具有明显花形和披彩特点的父母本是关键。

葶花朵数的优选：葶花上的朵数受父母本双方的影响。如果要以春兰为母本，创育出一葶多花的良种，则要优选葶花朵数多的兰属植株作父本，这样才能培育出理想品种。

花期的优选：如果选择开花早的品种作父本，通过杂交，可使花期提前2~3个月。

花色的优选：要创育诸如黄色、红色、复色、粉色等色花品种，就选两种色泽相近的父母本进行杂交，其成功率就较高。

②花粉采集和储藏：为了保证花粉的纯洁性，当父本的花蕾含苞待放时，就要选用白色纱布罩套住花蕾。以防花开后昆虫义务传粉而导致品种不纯，或失去活力。

采集花粉的最佳时期是在父本的花朵开放后的第三天。一般情况下，开花第一天花粉发芽力最强，开花后7天花粉块仍可应用。采集时用经消毒过的镊子，先将其药帽剔除，再小心地取下黄色的花粉块，放在白色的洁净纸上，然后放入经消毒过的干燥玻璃瓶内，并加以密封，置于冰箱里储藏备用。授粉父母本花期不一致时，可以采集花粉块，风干后密封放在干燥器中，温度在5℃时，花粉的生活力一般可保存半年。如要延长保管期，则应一直保存在0℃温度下。

③人工授粉：自然界兰科植物多数通过昆虫进行授粉。培育杂交新品种则须有选择地进行人工授粉。

在进行人工授粉之前，当母本含苞待放时，同样用白色的医用纱布罩套住花蕾，以防自然授粉。

人工授粉的最好时期是在雌花开花后3~4天。授粉时先揭去纱布罩，用消过毒的镊子将雌花（母本）的花粉块剔除（去雄），接着用经75%酒精消毒过的牙签，蘸上父本花粉块放于母本合蕊柱的药腔内（即剔除过药帽和花粉块的合蕊柱头中心凹陷处），通过药腔分泌出的黏液粘住。然后再罩上新的经消毒过的纱布罩，隔离管理。因为柱头有黏液，不必担心花粉块脱落。为防止已授粉的花再被昆虫传粉，可将母本花上的唇瓣除去，防止昆虫在此停留授粉。授粉完毕后应对杂交组合进行编号，在标签牌上记录母本与父本、授粉日期和授粉花朵数。

④授粉后的母本管理：授粉后的母本应置于温暖无酷热，且有散射光照的通风处管理。为利于授粉的成功和果实的发育，授粉后应把处于花莛顶部未曾授粉的花朵剪除。

若花莛上的授粉子房膨大，说明授粉基本成功，可揭去纱布罩，并适当间果，每莛保留子房数不能太多。授粉成功，幼果结成后，应注意磷、钾肥的供给，注意保持基质和空气的湿度，并尽可能提高光照量管理。

授粉后的母本应注意保持基质湿润，可适当多浇施1000倍磷酸二氢钾溶液，以促进株体内养分流动，供给幼果发育的需要。但在幼果未结成前，应慎防水分洒至蕊柱上，以防蕊腔积水而腐烂。

⑤采收与储藏：国兰蒴果的生长发育时间既因气温、光照、水肥的不同而不同，也因品种的不同而不同。一般等蒴果的色泽由绿转黄后约20天采收较适宜。

国兰种子不耐储藏，即使在低温环境中，翌年种子萌发率仍有所下降，第三年则完全丧失发芽力，所以国兰种子以随采收、随播种为好。兰花种子在高温和高湿的环境中寿命极短。通常将种子在室内干燥1~3天后，装在试管中用棉塞塞紧，再将试管放入装有无水氯化钙的干燥器内，置于10℃或更低温的环境中，这样可在1年内保持种子的良好发芽率。

（2）蒴果消毒和接种。国兰蒴果接种到培养基之前必须消毒灭菌，一般多采用10%次氯酸钠水溶液浸泡5~10分钟，再用无菌水冲洗。尚未开裂的国兰蒴果，可用10%~15%的次氯酸钠溶液浸泡10~15分钟，在无菌条件下切开，取种子播种（见图3.47—图3.48）。经灭菌的种子用镊子移入培养基中。为使种子在培养基表面分布均匀，可以滴数滴无菌水到接种后的培养瓶中。

图3.47　兰花种子无菌播种　　　　图3.48　种子无菌萌发

（3）接种瓶的管理。接种后的培养瓶可以放在培养室中或有散射光的地方，温度保持在20~25℃。在胚明显长大后，需给予2000勒克斯光照，相当于在40瓦日光灯下距15~20厘米处，每日光照10~12小时。

不同种类的国兰，胚的生长速度有明显差异。大多数国兰的胚生长均较慢，且通常不直接长成原球茎和幼苗，而是由胚长成根状茎，再由根状茎产生幼苗（见图3.49—图3.51）。

图3.49　种子无菌萌发　　　　图3.50　根状茎出苗　　　图3.51　根状茎增殖
　　　　　形成根状茎

国兰种子播种后3~6个月可见部分胚芽突破种皮，再由胚长成绿色并有许多根毛状附属物的根状茎（俗称龙根）。这种呈根爪状的根状茎可迅速生长，如果不改变培养基中植物激素的成分配比，不改变培养室的环境条件，则不会或极少形成能发育成幼苗的芽。

（4）小苗出瓶盆栽。当培养瓶中的国兰幼苗生长到高5~8厘米、有2~3条发育较好的根时，可移出培养瓶，栽植到盆中。小苗在试管中长大些再移栽到盆中，成活率高、抗逆性强。小苗从培养瓶中取出后需轻轻用水将其根部粘上的培养基洗去。用切碎的苔藓、泥炭、碎木炭和少量细沙配成培养土，将小苗栽在小盆中，依据盆大小，每盆1~2苗或10~20苗不等，而后放在25℃左右的温室中，保持较高的空气湿度和较强的散射光。每周施1次液体肥料，并洒抗菌剂，或结合施肥喷药，也可以浇灌根部。化肥的浓度应在0.1%左右。1个月后可移植到光线较强的地方，随植株长大及时换盆。国兰开花较迟，需要3~4年或更长的时间。

（5）实生苗管理。浇施医用阿司匹林1500倍液1次，既可促根催长，又可提高其抗病力。1周后再浇施"兰菌王"500倍液和10%的食用米醋稀释液消毒，每周1次，连浇2~3次，以促根催长。每周可选用"花宝5号"2000倍液喷浇1次。在通风保湿的基础上，逐步增大光照量。半月1次喷施广谱杀虫灭菌剂，以防治菌虫害的侵染。

**复习思考题**

1. 国兰的繁殖方式主要有哪几种？
2. 什么是国兰无性繁殖？家庭无性繁殖主要有哪几种方法？
3. 什么是有性繁殖？有性繁殖主要有哪几种方法？

# 三、栽培措施

## （一）环境要求

国兰的生长发育状况既取决于本身的遗传因素，又受到环境条件的制约。在国兰的栽培过程中，只有将温度、光照、空气湿度、水分、通风、栽培基质、肥料等各项环境因素综合协调好，才能使国兰生长健壮，开花正常。

### 1. 温度

国兰原生在亚热带和温带的山林中，由于原产地的温度各不相同，故它们各自形成了不同的生长温度要求。但是，它们在种子发芽、幼苗培育和成苗生长时所需的温度，也就是从晚春至初秋期间对温度的要求，却基本相似。一般国兰最佳生长温度白天都是18~30℃，夜间为16~22℃。气温在5℃以下，35℃以上时，国兰生长缓慢。

在冬季，国兰最佳生长温度为13~15℃或略高些，夜间为10~11℃；高山国兰白天生长温度不高于7℃，夜间为0~3℃。许多原产于高山的国兰（如独蒜兰、春兰、蕙兰），在冬季有明显的休眠期，需要0~5℃的低温环境，即要有一个春化阶段，否则翌年便不能开花。

### 2. 光照

光照是国兰光合作用不可缺少的条件，对兰株的发芽、生长、开花、促花香都有不可估量的作用。由于国兰世代在山野之中生长，已有千万年，长期生长在上有葱郁林木，四面有灌木丛和杂草的环境之中。阳光忽有忽无，感受到的多为散射、漫射光照。因此，国兰普遍喜阴。

兰科植物对光照的要求是有一定规律的。一般大叶种类对遮阴的要求大于小叶种类；低海拔的种类对遮阴的要求大于高海拔的种类。国兰经夜间营养积累后，早晨光合作用能力最强。早晨阳光照射角度低，国兰受光面积大，且早上阳光光线相对柔和，不会灼伤兰叶。因此，夏天7时前可让阳光直射兰叶，7时后用遮光网遮挡阳光。清明前后可让国兰多晒太阳，促使发根，多发叶芽；白露以后，天气转凉，新苗大多长成，也可多照阳光，促使花蕾饱满，让兰株积蓄更多养分，以利来年生长。

光照是国兰花芽分化生长的养分来源，阳光照射时间的长短也直接影响国兰开花。国兰的花芽多数在长日照的7—9月形成，并开花结果。光照的强度因国兰种类不同而有着很大差异。开绿色或白色花朵的兰株，在初现花苞时就要尽快降低光照强度，以保证花朵颜色更加素雅，开完花后再重新给予更多的光照。一般国兰要进行2~3小时光照。叶子柔润而绿色适中的，表示光照正常；叶子暗绿而柔软的，表示需要增加光照；叶子淡黄的，表示要减少光照。阳光照射时间长的花瓣质厚，反之则花瓣质薄。但若过分照射阳光，则可能灼伤兰叶，甚至造成失水、死亡。

### 3. 空气湿度

在自然界中，国兰大多分布于潮湿环境中，因此国兰在生长期的空气相对湿度不能低于70%，过干或过湿都易引发病害。

国兰对空气湿度的要求因种类、生长时期、季节以及天气而异。国兰的原生环境为崇山峻岭、巨谷深壑，地形复杂，保留有较完整的自然植被。林间空气清新，山间常有云雾缭绕，雨量适中，空气湿润。在2—3月的早春，空气湿度比较低，为70%~80%；春末至秋末雨水比较多，山林中经常云雾弥漫，空气湿度特别高，经常在

80%~90%以上。栽培国兰要求有较高的空气湿度。因此，养兰要创造一个适宜于国兰生长的局部湿度小气候，室内应安装喷雾器和湿度计，以随时调控国兰生长的空气湿度。

### 4. 水分

国兰具有"喜雨而畏涝，喜润而畏湿"的习性，原本生长在峡谷、山脊两侧，以及山坡、岩岸、岩石缝隙、竹林木丛间的腐殖质薄土层中。这些地方排水良好，无积湿之患，土壤中腐殖质含量高，并含有大量的砂石颗粒，土层厚10~20厘米，由于地形坡度大，不会积水，而且国兰一生需水量较小，加上兰叶质地较厚，表面有角质层保护，故叶片蒸腾时不消耗大量水分。国兰的假鳞茎和肉质根能储藏一定的养分和水分，较能耐旱。除发根期、发芽期和快速生长期需要较多的水分外，其他时间消耗水分较少。水分过多会造成土壤积水，阻塞根部呼吸，易烂根。水分过多还会造成兰叶组织纤弱，生长不良，产生病害。由于春、夏、秋、冬空气湿度不同，故国兰生长速度不同，对水分要求也不同。控制水分是养好国兰的最根本条件，因此有"会不会种兰，主要看会不会浇水"之说。

### 5. 通风

在自然界中，国兰大多生于基质疏松通气的地方。通风会给国兰送来新鲜空气，增加国兰周围的二氧化碳浓度，调节温度以及抑制病害的滋生和蔓延。养兰场所要远离煤气、油烟，远离尘土飞扬之地。油烟、尘土附着在叶面会阻塞叶面呼吸，影响光合作用进行。空气不流通会在叶面附着病菌，危害国兰生长。一些将阳台封闭的家庭，国兰长期放养在封闭的阳台内，虽然温度、光照等条件都不错，但国兰仍然生长不良，其主要原因就是通风条件不好。所以，栽培国兰时要特别注意通风。

### 6. 栽培基质

在自然界中，大多数国兰生长在湿润、通风、不积水的环境中，因此，对栽培基质的要求是通气、松软、吸水漏水性好，呈微酸性。

栽培国兰最常用的是兰花泥。兰花泥是指山上附在岩石凹处的泥土，由植物叶子经风吹雨淋日晒腐烂而成，土质松软、通气、呈微酸性。风化山岩碎石土和带丛生杂草的土壤经火烤后形成的碎烤土也可作栽培基质。以上两种都符合通气、透水、微酸等特点，且磷、钾肥丰富，可作国兰栽培基质，但要适当补充氮肥。

近年来，水苔、蕨根、椰子壳、松树皮、树叶、棕皮、木炭、泥炭土、煤渣、珍珠岩、浮石、颗粒砖块、陶粒等都成为理想基质。可以说凡是三相（即实相、水相、气相）比例符合国兰生长的中性材料均可作为栽培基质。一般实相为40%、水相为30%、气相为30%较为合理，养兰者可就地取材。只要材料通气性好，有一定的保湿性，无化学反应又清洁，都可用作国兰的栽培基质。

7. 肥料

国兰所需的主要肥料成分有氮、磷、钾、钙、镁、硫、铁、锰、铜、硼、锌等元素。

氮素：主要促进茎叶生长，含氮高的肥料适合于兰苗生长期及叶芽萌发期使用。缺氮肥时叶色淡黄，植株生长缓慢。氮肥成分以豆饼、油料作物和尿素中含量较多。

磷素：能促进根系发达，植株充实，促进花芽和叶茅的形成和发育，使兰株茎干粗壮结实，促进开花；含磷高的肥料适用于近期开花的植株。磷肥成分以骨粉、鱼粉和过磷酸钙中含量较多。

钾素：能溶解并传输养分，使植株坚挺，茎叶组织充实，增强植株抵抗病虫害的能力。钾是保证兰株挺拔的重要元素，并可增强兰株对病虫害的抵抗力。一般中苗以上的兰株都必须用含钾肥高的肥料。缺钾的植株会变矮小，叶片软伏灼焦，甚至生长受阻。钾元素主要含于草木灰和钾素无机肥中。

氮、磷、钾这三种养料被称为"肥料三要素"。至于国兰在生长过程中还需要的其他元素，一般情况下植料中不缺少它们，特地添加的较少。如缺少的话可用更换植料的方法解决，也可追施全价合成有机肥。如无机复合肥是国兰最常用的速效水溶性化肥，磷酸二氢钾、尿素、过磷酸钙和硫酸亚铁等可作为叶面追肥；有机复合肥（如复合骨粉和精制成品颗粒肥等）可与基质混用或以盆面放置；商品有机液肥（如翠筠有机液海藻精和海神等）可用于盆施或喷叶；多元叶面肥有花宝和花康肥等；长效颗粒肥有魔肥、多妙肥和奥妙肥等。

### （二）必要设备

#### 1. 兰棚

兰棚是夏秋季节培养国兰的场所。因为国兰喜阴凉透风的环境，若室外无兰棚遮阴，则将遭受烈日暴晒、狂雨冲袭。兰棚场地以面朝东南或东为优，以面朝东北为良，以面朝西南、西和西北为劣。西北方向最好有高墙或大树，既能见初阳，又能挡烈日。周围小环境要求空气清洁，有一定湿度保证。兰棚要能透风、受露、避烈日、免烟尘。一个良好的养兰场所要求是：迎朝阳，避烈日；通风好，挡寒风；环境良，避油烟；水洁净，无污染。

传统兰棚用毛竹搭建，竹架上放布幔和竹帘，晴天遮烈日，雨天防雨淋，晚上拉开遮帘让兰沐浴露水。现代兰棚多用标准连栋温室，用遮阳网和塑料布防晒挡雨。平时可以卷起，以利通风和国兰接受阳光；下雨时可拉开遮雨。兰棚也可以是固定的，一般情况下以阳光板为好。兰棚场地以泥地为好，走道可为砖地或煤渣地。兰棚内一般都搭建兰架，兰架以不锈钢、铝合金、镀锌管为好。兰盆要放在兰架上。平时注意地面清洁，防止病虫害。兰台最好采用平台式，便于管理，兰台的宽度以 1.5~1.8 米为宜，高度以盆底离地面 0.4~0.5 米为好。同时，还可安装防盗栅栏，有条件的可安装报警及录像设备。

#### 2. 兰室

兰室是栽培国兰的专用场所，主要是控制温度、湿度和通风。兰室的位置以面朝南、朝东南为优，以面朝东为次，以面朝北为差，以面朝西为最劣。屋顶以玻璃和阳光板为好，塑料布为次。兰室内地面以泥地为好。如果是水泥地面，则兰架下应设水槽，水槽可用不锈钢板制作，也可以用镀锌铁皮制作，也可以用塑料布铺设，总之只要能储水就行。水槽不仅能承接日常浇水漏下的脏水，不致污染地面，对提高兰室的湿度也可起到一定的作用。兰室的南面、东面和西面应开长窗，这样有利于兰室的空气流动，还能使国兰充分地接受阳光的照射。北面不开窗户，这样有利于兰室保温保湿。

冬季，兰室的温度如果低于0℃就可能要结冰，为防止冻害（见图3.52），就要使用加温设备。加温的设备主要有以下几种：①暖气管道，它散热均匀，不影响室内空气湿度，是最理想的加温装置；②油汀，它的优点也和暖气一样，散热均匀，不影响兰室的空气湿度，而且温度可以调节；③空调、红外线取暖器、暖风机等，这些设备相对散热不均匀，空气干燥影响兰室空气湿度。大面积兰室，可以用锅炉产生暖气，通过管道和散热片加热；中小兰室可用油汀加热。

图3.52 兰花冻害

兰室要有通风设施，窗户要多，面积要大。只要是晴天，白天室外温度达12℃以上时，南面窗户就可虚掩；当室外温度达20℃以上时，即要全面开窗换气。有条件的可安装换气扇。

### 3.阳台改造

阳台养兰以南向、东向、东南向为好，东北向阳台光照稍差些，宜养稍耐阴的国兰。北向阳台光照不足，只能种养很耐阴的国兰。最不适宜养兰为西南向、西向和西北向的阳台，早晨和上午柔和的阳光照不到，夏天下午晒烈日躲不掉，冬天寒风凛凛吃不消，管理难度也较大。此外，楼层较高的阳台，风力大、空气干燥，对国兰生长不利。国兰爱好者在选购住房时，不仅要选择楼层稍低、面积较大的阳台，而且要特别注意阳台的朝向。

阳台养兰的突出问题主要有空气湿度太低、光照太强、面积太小、安全性不佳，因此要对阳台进行改造。首先是封闭阳台，阳台封闭后，才能挡住狂风和暴雨的侵袭，营造较高的空气湿度。其次是阳台要安装防盗栅栏：①可以起防盗作用；②防止兰盆下掉伤及楼下行人；③便于安装遮阳网，阳台温度较高，必须架设遮阳网，一般情况下用1层，光照强烈时用2层；④阳台养兰要制作兰架，兰架要平台式，便于管理，最好多层，大小适中，而且兰架下面要设水盘；⑤要添置相关设备，如换气扇、贮水桶、小水泵、浇水器、温度湿度器、加热器等。

阳台养兰要注意养殖品种宜以株型较小的国兰为宜，不要追求品种的数量，种一盆是一盆。同时，兰架、兰盆质量要轻，要讲究美观，才能做到赏心悦目。

（三）器具和材料

1. 兰盆

在我国，传统的栽兰用盆一般可分为素烧瓦盆和釉盆两大类。素烧瓦盆透气性良好，价格便宜，但外观较为粗糙，欠雅观；釉盆外观色泽美丽，并有不同的图案，但透气及透水性均较差。如今更有塑料兰盆生产，这些塑料兰盆外观美丽，且不会打烂，盆边缘钻有许多孔洞，有利通气及排水。

兰盆的形状各异，一般盆口为圆形，也有方形和多角形。兰盆一般较深，以便兰根生长。江浙一带则多用宜兴出产的兰盆，这种兰盆虽为素烧盆，但外观光滑美丽，并多刻有或画有兰花的图案，这种兰盆多为方形或多角形的高身直筒式，规格从小到大均有，并多配有水碟。还有玻璃瓶，多数用于科研和现代科学养兰，如瓶底有渗水孔同样可以作为兰盆，以轻石和砖粒为植材养兰，可以观察盆内根系生长状况，对提高养兰技艺十分有益。兰盆选用，原则上要按兰花的大小合理挑选，小株用小盆，大株用大盆。兰盆既要通气又要透水良好，外观最好有一些美观的图案，盆底的适水孔要大，利于排水及透气。

兰盆要高雅，有观赏性、透气性，大小要适宜，盆底孔要大。最好每个兰盆品种都用大、中、小三种规格，质地最好统一，不要高矮不同、大小不一。此外，新栽的国兰宜用新盆，而换盆的国兰宜用旧盆。

**2. 培养土和培养料**

江浙一带多用山泥作为培养土。现在，又运用了诸如陶粒、碎砖、火山石、木炭等非土质栽培基质，这些基质具有通气及排水良好，不会板结，易于兰根生的优点。不同的材料有不同的利弊，它们的性质及特点如下。

（1）兰花泥。树叶腐烂后累积在山岩凹处的泥土，具有松软、泄水、肥沃的特性。pH 值为 5.5~6.5。

（2）火烤土。生杂草的表面土经烧烤后留下的颗粒土。火烤土是栽培兰花的一种常用栽培基质，类似颗粒状小碎砖块。特点是表面细孔多，保水性好，洁净卫生，可以改善盆内兰花根的透气条件，在盆中久浇不碎，不易板结，为兰花营造了适宜的生长环境。

（3）树皮。松树、栎树、龙眼树等多种树木的树皮。树皮的吸水力及排水力均佳，且富含有机养分，对兰花的生长极为有利。但易于腐烂及滋生病菌，所以在栽培兰花前要进行蒸煮等杀菌处理。

（4）石砾。包括火山石、海浮石、小卵石、赤石、陶粒等。石砾种兰具有透气良好，多空隙而使兰根易于伸展的优点。但缺乏养分，且水肥施后易于流失，一般按一定比例与其他植料配合使用。

（5）木炭粒。有吸附和杀菌作用，排水及透气良好。因其偏碱性并缺乏养分，因此一般与其他种植料混合使用。

（6）蛭石。蛭石为一种矿物，吸水及透气性良好，但容易积聚无机盐和滋生病菌而不利兰花生长。多与其他种植料混合使用。

（7）腐叶土。最好是用兰花原生地携回的腐叶土，亦可用枯树叶人工沤制草炭土。腐叶土养分充足透气良好，最适兰花生长。但腐叶保水性强，容易滋生病虫害。

（8）塘泥。用作植料时多碎成粒状使用。塘泥的酸碱度适中，养分较足，对兰花前期生长十分有利。但经一段时间的日晒雨淋后容易板结，不利于根系的呼吸，故用作种兰的植料已被慢慢淘汰，可用其拌它种基质使用。

理想的栽兰植料应具有良好的排水透气能力，内含充足的养分，不易腐烂或板结等特性。养兰者可以根据这些基本要求，就地取材，自己动手配制。

3. 肥料

养兰过程中，经常给国兰施用的肥料种类大致可归纳为化学肥料、有机肥料和气体肥料三大类。

（1）化学肥料。化学肥料简称化肥，是指含有植物生长所必需的营养素的无机化合物或混合物的人工合成肥料。按照植物对必需营养元素的种类可分大量元素肥和微量元素肥两大类，按照肥料所含的元素种类可分单元肥和复混肥，按照肥效的长短又可分速效肥和控制释放（缓释）肥料，等等。

①大量元素肥：是指肥料里含有单一或多种的氮、磷、钾等兰花必需的大量元素，优点是肥效快、易溶水、物理性良好、施用方便、效果优良。

②微量元素肥：是指肥料里含有单一或多种铁、锰、铜、锌、钼、硼、氯等微量元素，能保持兰花植料里的微量元素以满足兰花生长的需要。

③单元肥：是指肥料里含有单一国兰所需的肥料，优点是肥效快，缺点是肥效单一，容易产生肥害。属于单元肥的氮肥有尿素、硫酸铵、硝酸铵、氯化铵、碳酸氢铵等；磷肥有过磷酸钙等。

④复混肥：是指肥料里含有国兰主要的营养元素氮、磷、钾中的两种或两种以上，复混肥按照制造方法可分为化成复合肥、混合复合肥和掺和复合肥。按照肥料的形态可分为液态肥和固态肥；按照成分可分二元复混肥、三元复混肥和多元复混肥。

⑤控制释放（缓释）肥料：控制释放肥料，又名控释肥，肥效4~12个月不等。控制释放（缓释）肥料既克服了普通化肥溶解过快、持续时间短、易淋失等缺点，又使养分释放能有效控制，节省化肥用量的40%~60%。

（2）有机肥料。

①常用的有机肥：主要有马、牛、羊粪肥，还有蚕粪（蚕沙）等，这些肥料氮、磷、钾养分齐全，发酵后，既可作干肥，也可制成肥水稀释后使用。还有沤制肥，传统的沤制肥料种类较多，如将黄豆饼、菜籽饼、鱼肚肠等用水缸泡液发酵，沤制3~6个月后稀释使用，沤制肥料中氮、磷、钾肥分也较齐全。常选用油菜籽渣饼、花生渣饼、大豆渣饼、茶油籽渣饼等7份（一两种或各种）研碎成粉加入骨粉3份，装入容器；用塑料薄膜覆盖并扎紧，让其日晒，夏、秋季1个月以上，冬、春季3~6个月，便可施用。使用时稀释150~200倍浇施。

②商品有机肥：商品有机肥是生产厂家经过加工处理过的有机肥，其病虫害及杂草种子等经过了高温处理基本死亡，可以直接拌入兰花泥中。商品有机肥原料来源主要有畜禽粪便、城市污泥、工业废渣、农作物秸秆等。目前，我国商品有机肥料大致可分为精制有机肥料、有机无机复混肥料、生物有机肥料三种类型。

③沼气肥：作物秸秆、青草和人的粪尿等在沼气池中经微生物发酵制取沼气后的残留物，富含有机质和必需的营养元素。沼气发酵慢，有机质消耗较少，氮、磷、钾损失少，氮素回收率达95%、钾含量在90%以上。沼气水肥可作为兰花追肥，直接诱；渣肥可拌入兰花泥中，但出池后应堆放数日后再用（因沼肥的还原性强，出池后如果立即使用，会导致国兰叶片发黄、凋萎）（见图3.53）。

图3.53 兰花肥害烂根

（3）气体肥料。用于兰花的气体肥料主要是二氧化碳，它是植物进行光合作用的重要原料。在自然界里，大气中二氧化碳的浓度虽然很低，但由于空气不断流动，二氧化碳可以源源得到补充。但大棚温室和简易棚室在冬季密闭保温时，空气几乎无法流通，光合作用开始后，室内的二氧化碳很快就会降到光合作用的补偿点，一旦光合作用的原料不足，长此以往，植株就会出现生长不良，甚至叶片枯黄而死亡。因此二氧化碳就成为在温室或塑料大棚内补充施用的一种气体肥料。

**4. 其他用具**

（1）兰架。因兰盆大部分为高脚盆，配合使用兰架对于品赏和防倾倒都有较好效果。根据兰盆与场地的大小，兰架有多种规格，也可自己制作。

（2）水壶。主要用于浇水和施肥，种类也较多。细长口的，用于浇水施肥，容易控制落水点，不致烧伤叶芽与花蕾；莲蓬头的，较适合粗放的培植管理。

（3）塑料桶。用于浇兰用水的晾晒储存以及进行酸化处理的用具。桶内盛水的温度最好要与兰盆内的温度比较接近，以免在浇水时对兰花产生温差上的刺激效应。

（4）水盆。用于清洗、消毒兰株用。

（5）喷雾器。对国兰进行叶片喷雾、施叶面肥、喷洒杀菌杀虫剂之用。可视种植规模大小来配置不同型号，以喷雾匀、细为好，最好是选择喷嘴可调节的。

（6）筛子。一般要有大、中、小筛眼的三种，用来筛选培养土。因兰根的生长与栽培用土的输水透气性有很大的关联。在植兰时培养土一般筛成大、中、小粒三种，在使用时按层次装盆，大粒放盆底，中粒放盆中，小粒放盆面以增加透气性。

（7）剪刀。给国兰进行分株，以及修剪国兰的腐烂、残败根叶。在每次使用前后要进行消毒灭菌处理，以免传染病虫害。

（8）镊子。用来清除兰盆内的杂物和害虫，以及种兰时梳根、定位用。一般选用细尖与大尺寸圆尖两种为好。

（9）放大镜。观察、鉴别国兰品种，兰叶、兰头的变化，苞叶上的筋纹、色彩，以及对兰株和培养土里是否存在病虫害时检查用。

（10）撮铲。用于撮取培养土。

（11）大塑料瓶。用来沤制有机肥料。

（12）毛刷。用于洗刷兰叶，清除叶片上的脏物以及虫卵等。

（13）软毛巾。用于擦拭兰叶，保持叶面整洁，以利于光合作用。

（14）小锤。用于砸碎砖块、瓦片、泥块以及其他过大植材。

（15）温湿度计。用于对国兰的生长环境进行适时监控。

（16）pH 值试笔或试纸。用于测定养兰的土壤和水分 pH 值，以便加以修正。

（17）量具。用于正确获得国兰在肥、药使用上的量。

（18）标签。插在盆缘，标明品种、苗数、上盆时间等资料，防止时间长了产生品种辨别的错误。

## （四）盆栽方法

用花盆栽植国兰是传统养兰最常用的方法。盆栽国兰之前，必须做好一系列的准备工作。首先要备好兰盆、疏水透气罩、疏水导气管。新盆应浸水，退掉火气；旧盆应清洗、消毒。其次要备好垫底植料、粗植料、中粗植料、细植料、水苔等。最后要备好种苗，经清洗、修剪、消毒、晾干后，依品种再分为矮株、中矮株、高大株等。在准备工作做好之后，就可以根据情况进行上盆定植了。

### 1. 选盆和退火

兰于盆中，犹如人住房间，要讲究舒适怡兰。同时，国兰盆栽是项艺术性较强的工作，要求盆栽后既能适合于国兰的生长，又要美观大方。兰盆首先应选择最有利于兰株生长的兰盆。从国兰的生长习性看，疏水透气性能应良好，因此宜选用质地较粗糙，无上釉，盆底和下部周边多孔，有盆脚的高筒状兰盆为好。盆的大小则依兰株的形态而定。矮种兰，用小盆；中矮种，用比小盆大一档次的兰盆；株高约40厘米的，用中大盆；株高过50厘米的，宜用大盆。

从养兰的性质看，业余爱好者设施简陋、管理时间少，宜选用中大盆，保湿时间较长。从培育新品种的角度看，也需要选用中大盆，让植株有较宽松的生存空间，利于长好。从即时销售的展销式养兰来看，应选用小盆，每小丛一盆，以不至于常起苗而牵动在旁的植株。从观赏、展览需要看，应选用套盆，平时用内套盆生产，应时套进美观的外套盆陈列。

用于栽种国兰的兰盆有长方形、方形、六角形、八角形、椭圆形、圆形等，还有浅盆的，这些丰富多彩的兰盆给观赏国兰带来了许多乐趣和美感。但大多数情况下，养兰还是使用高筒状的小兰盆，究其原因大致有四个方面：①从品种交流的包装运输实际出发，要求兰根直而呈束状，需要高筒小圆盆以限制；②从节省植料，克服笨重，减轻高层建筑负荷的需要出发，需要容积小、质地较轻的高筒状小圆盆；③从每簇三五株栽培的需要和兰叶常弧垂的实际看，使用高筒状更协调，不至于叶尖垂地；④高筒状的小圆盆下部可以多垫粗粒基质，透水透气性能好，有利于国兰根系的生长。

无论选择什么样款式的兰盆，盆选好后都要将兰盆放在水池中用清水浸透，特别是新瓦盆，一定要这样做，俗称给瓦盆"退火"，目的是防止新盆壁内的孔穴没有浸透水从栽培植料中吸水，造成国兰根部缺水死亡。对那些经长期使用过的旧花盆，由于盆底和盆壁都沾满了泥土、肥液甚至青苔，透水和通气性能都有所下降。因此，也要先清洗干净晒干，然后放入水池中用清水浸透再用。

2. 盆栽植料处理

国兰喜欢疏松湿润、通风透气、营养丰富的弱酸性土壤，惧怕瘠薄干燥、水涝盐碱、病虫污染的基质。因此，根据国兰的特性需求，盆栽植料应当具备四个基本条件：①结构疏松，具有良好的疏水透气性能；②土质偏酸（pH 值 5.5~6.5），无污染，无菌虫害寄生，无病毒潜伏；③有一定的蓄水保湿性能；④含有国兰生长发育需要的大量元素、微量元素和矿质元素。在这四个条件之中，①、②两条最主要。但在自然界，特别是在城市里，符合这些条件的土壤并不多，这就需要就地取材，用多种材料复配、加工的手段，人工配制盆栽植料，使其基本符合上述条件。

　　无论采用硬植料还是软植料，都必须上下透气，尤其是软植料，应该加入使其浇水后依然蓬松的其他配料，不然浇水后下沉透气性变差，"气"可谓是国兰的命，兰根在不透气的环境中易腐烂。完全采用硬颗粒植料种植则要注意浇水，否则植料过于干燥易出现干空的根。种植国兰时不要像种其他的花那样按压植料，应采取边加植料边拍盆壁，让植料自然落实，若按压会造成植料过于紧密影响透气。

　　盆栽植料的处理，主要包括植料的选择、调配、消毒、pH 值调整等措施。

　　（1）常见的土类植料。

　　①沙土：山区的山脚边，经常可看到这种风化岩尚未完全转化成自然土壤的沙土，其含粗沙量达 50% 以上，具有白色、粉红色、黑色、绿色、褐色、黄色的团粒，一挖则散，民间称其为"气沙土"或"五色土"。这种植料偏酸、疏松、富含稀土、矿质元素，无污染、无夹带菌虫害，对兰株的生长非常有利。实验对比发现，它可激活兰株的可变因子，加快出艺变异的进程。但由于这种植料含有一定数量的黏腻黄泥，易板结。因此，混配量宜在 30% 以内。

　　②沙壤土：在山区河岸边，含泥浆的沙壤土大都偏酸、疏松、富含矿物质，对兰株可变因子的活跃有一定的促进作用。缺点是颗粒太细，易板结，也可能有不同程度的污染。

　　③塘泥与河泥：经晒干已呈块状，疏水透气性能好，富含肥分。其最大的缺点是太肥，且受污水污染，新芽常易被溃烂，应与其他土配合。

　　④腐叶土：由树林下面多年的枯枝落叶腐烂形成，疏松、富含腐殖质，具团粒结构，但较细，常呈粉状，疏水透气性能稍差，且夹带有菌虫害。

　　⑤腐殖土：腐殖土一般采自山川、沟壑，多呈黑褐色。含营养元素全面，无夹带病虫害，无污染，团粒结构好，不易松散，疏水透气性能良好，是比较理想的酸性植料土。常用于国兰栽培的有松针腐殖土等。

（2）土类植料的调配。调配土类植料，首先应看各种土壤的质地。像团粒结构完整，凝聚力较强的天然颗粒状腐殖土，已有良好的疏水透气性能，无需混入其他植料就完全可以养好国兰。但这些植料来源不易，并有保水性稍差的缺点，因此可根据具体情况，适当混入50%其他保水性强的土类植料。又如"气沙土"含有黏腻的黄泥、易板结，在土类植料中，所占的比例也不宜超过30%。在养兰过程中也可以参考以下一些植料的配方，自己调配植料。

①松土配方：适合培育非叶艺兰。林下腐殖土或沙壤土或稻根土70%，有机植料20%，无机植料（沙石、砖碎、塑料块）10%。

②色土配方：适合培育叶艺期待品。腐殖土30%，沙壤土20%，气沙土20%，有机植料15%，无机植料15%。

③畦植配方：腐殖土或沙壤土或稻根土40%，气沙土30%，有机植料30%。

④颗粒土配方：适合种植高档固定品种。颗粒土30%，腐殖土或沙壤土或稻根土30%，泥炭土10%，有机植料20%，无机植料10%。

⑤多元配方：适合培植线艺兰和准备转为无土栽培的品种苗。腐殖土或沙壤土或稻根土15%，气沙土15%，颗粒土10%，无机植料40%，有机植料20%。

（3）植料中基肥的调配。国兰喜肥而畏浊。土类植料中本来就含有一些养分，种植后还会不断施肥，所以说国兰的培养土调配好之后，一般可以不下基肥。但为了栽植后少施肥，在植料中把基肥下足，可减少日后的施肥次数，减轻管理工作量。以下将一般常作为国兰基肥的种类和调配量作一简单介绍。

①芦苇草炭：将芦苇割下堆燃，当烧至全透时，立即淋水灭火，使其成条状炭，这便是芦苇草炭。它既可调节培养土的酸碱度，又可抑制霉菌病的发生，还能增加培养土的通透性，是一种含钾量很高的基肥。调配时按体积比，拌入1/15~1/10即可。

②饼肥：黄豆、花生、芝麻、油菜籽、油桐、油茶等渣饼经尿水

浸泡或堆沤腐熟后作基肥，既可改善培养土的物理性状，又可提供优质的多元肥素。其混入量为 1/20。不过，无论何种饼肥，在调配前都要充分腐熟，否则日后在花盆中会自然发酵，导致好气微生物大量繁衍，对兰苗根部产生"烧苗"危害。

③熟骨粉或钙镁磷肥：熟骨粉由动物骨头火烧去掉脂肪后研细得到。钙镁磷肥是商品化肥，其拌入量为 3% 的质量比。

（4）植料的消毒。对调配好的植料，在使用前要把好消毒关，防止夹带病菌危害兰株。植料常用的消毒方法有三种。

①日光消毒法：此法最简单实用。具体做法是将调配好的兰花栽培植料运至混凝土场地，选择晴天摊开，让烈日暴晒 2~3 日，摊晒时要薄薄铺开，并时常翻动，利用烈日高温和日光中的紫外线杀死植料中的细菌。

②蒸汽消毒法：此法适于小规模栽培，植料需要量小的情况。将植料放在适当的容器中，隔水放在锅中蒸煮，利用 100~120℃蒸汽高温消毒 1 小时就可以将病菌完全消灭。

③药剂消毒法：最常用的药剂是福尔马林，消毒时将按每立方 400~500 毫升的用量，均匀喷洒，然后将植料堆积一起，上盖塑料薄膜捂闷两天后，揭去塑料薄膜，摊开植料堆，等 40% 甲醛溶液全部化成气体散发，消毒才能算完成。

（5）植料 pH 值的调节。兰根最适合生长于 pH 值 5.5~6.5 的基质之中。过高或过低都会阻碍根系的生长，导致根的吸收、输送功能的减弱而影响茎叶的生长，甚至导致兰根的过早死亡。对土壤的 pH 值来说，习惯把 pH 值在 6.5~7.5 的土壤称为中性土壤；pH 值 < 4.5 的称为强酸性土壤；pH 值在 4.5~5.5 的称为酸性土壤；pH 值在 5.5~6.5 的称为弱酸性土壤；pH 值在 7.5~8.5 的称为弱碱性土壤；pH 值在 8.5~9.5 的称为碱性土壤；pH 值 > 9.5 的称为强碱性土壤。

①植料 pH 值 < 5 会有以下危害。过于偏酸一是会使植料中的氮、磷、钾三要素和钙、镁元素变成不溶性，根系无法吸收，导致株体饥饿而早衰、黄化；磷元素也易与铁结合而降低其活性，从而影响

根系的发育；铜、锌、锰、铁等微量元素的有效活性提高，而使根系中毒。二是使植料中的硝化细菌活性降低，致使氨态氮的硝化作用受到限制，导致根系中毒，产生的根短而粗，并呈褐色腐烂。三是为疫病、白绢病等喜酸真菌创造了易于繁衍的环境，容易使兰根受到这些病菌的为害而死亡。

②植料 pH 值高于 8 以上的危害。过于偏碱一是使植料中的氨态氮较容易形成氨气而挥发掉，既造成肥料浪费，又使兰根得不到应有的营养而生长不良。二是植料中的大量元素磷易与钙结合而降低了根系对磷的吸收，使根系因缺磷日益严重而生长受阻。三是植料中铜、锌、锰、铁等微量元素之有效性降低，使根系难以吸收，导致根的生长障碍而易枯死。

③植料 pH 值的测定。植料过酸或过碱都不利于国兰的生长，严重的还可导致兰株死亡。因此在栽植前，最好先对植料的酸碱度进行测定，并且在栽培养护的过程中也要每季或半年测定 1 次，使兰株有适宜生长的环境条件。常用的测定方法有酸度计测定法和用指示剂进行 pH 值速测。使用酸度计是将土壤和蒸馏水悬浮液与玻璃电极接触，并在校准刻度盘上的读数，即可测得土壤 pH 值。一般家庭可以使用指示剂测定法。这种方法如果使用恰当，其结果是可靠的。

从化学试剂商店购买一盒石蕊试纸，盒内装有一个标准比色板。测定时取少量植料放入干净的玻璃杯中，按土∶水为 1∶2 的比例加入蒸馏水搅拌溶解，经充分搅拌后，让其沉淀，取其澄清液，将石蕊试纸放入溶液内，1~2 秒取出试纸与标准比色板比较，找到颜色与之相近似的色板号，即为植料的 pH 值。

④植料 pH 值的调节。根据测定结果，对于 pH 值不适宜的植料，可采取如下措施加以调节：对于偏酸性的植料，可用 5% 的石灰水浇淋，或拌入钙、镁、磷肥等碱性肥料来中和；对于偏碱性的植料，可加 2% 过磷酸钙溶液，或 100 倍米醋液；也可在植料中拌入 2% 的硫黄粉、石膏粉。

3. 兰苗的处理

兰苗在上盆前一般都应当进行清杂、消毒、晾根等处理工作。

（1）兰苗清杂。上盆前的兰苗，不论是下山兰还是家养兰，都会有枯朽的叶鞘、病残败叶、老烂病根等，这些部分不仅有碍兰苗的观赏，而且还会给病虫害留下藏身和再侵染的场所，所以必须彻底清除。

①清除老、烂、病、节、断根。老、烂、病、节、断根是移植起苗后的兰苗难免的，对它们的清除要具体情况具体分析，灵活掌握。兰株完整，根有多条的，可以把断根、节根、病斑根、烂腐根和老根等一起剪除；兰株上很少甚至没有完整根的，就要先剪除染有病斑的根和腐烂根，尽量保留老根、断根，去掉节根皮，留住其中心柱。总之，腐烂根和染有病斑的病根，肯定要彻底剪除，以防继续感染为害。

国兰在起苗时再小心，也难免会有断痕根。尤其是购买的下山兰和未经晾根的家养畦植兰，上盆前往往连一条完整无损的根也没有。如果把这些半断而未脱离假鳞茎的断痕根全部剪除，这株兰花就成了只有假鳞茎和叶的光叶苗。在这种情况下，留住这些断痕根，不仅可以起到固定兰株的作用，而且还有一些吸收、输送水分、养分的作用。有保留与没保留断痕根，其抗逆性、适应性和发新根的时间，均有明显的差异。不过断痕根很容易被病菌感染、腐烂，因此要注意晾根和适当推迟浇定根水的时间，加以特殊养护。

节根是因兰菌将根肉细胞蚀空造成的，或由生理病害所致。在兰株的健康完整根少或无的情况下，对于仅有根皮的节根就不应剔除，而应该只剔除根最外层的根被组织和中层的皮层组织，保留住中心柱。也就是只剔除有菌尖侵染的部分，保留未被侵染的中心柱。因为这个中心柱不仅能起到固定植株的作用，同时它还有微弱的吸收、输送水分和养料的作用。

②清除枯朽、病残叶鞘。枯朽的叶鞘已经失去完成保护叶片的作用，继续留存只能给病虫害提供庇护场所，所以必须彻底清除。在清除的过程中，应悉心保护叶芽的生长点和花芽。一般用小剪刀小心地

剪除。如用手拔除，应往上拔起，以防伤及叶芽和花芽。对于尚未枯杇、鞘色尚青、染有病斑的叶鞘，应用小剪刀扩创病斑，以杜绝病源。

③剪除病残叶片。国兰在栽植前，要对叶片逐片翻检，特别是叶背，只要有病斑，均应毫不惋惜地剪除，并应连同病斑邻近的绿色部分，扩创约2厘米。对叶片上仅有极细的一小斑点，如舍不得剪除的，可用医用"达克宁"药膏涂抹。对于无叶的叶柄，也应彻底剪除。

④掰折多余的无叶假鳞茎。凡有叶片的2株连体植株，其所依附的假鳞茎不论多少个，均可掰拆掉。如仅有1个假鳞茎有叶片，那就该保留1个无叶假鳞茎，以使其有同舟共济的条件。对于保留的无叶假鳞茎，应对其上病斑扩创，并涂上医用"达克宁"药膏。

（2）兰苗消毒。兰苗消毒是防治病虫害的首要措施。消毒时应抓住重点，综合考虑，根据不同情况分别消毒，力求全面周到。

①预防菌类和病毒。兰苗如果来自自育兰圃里的换盆苗，应根据自家兰圃里曾发生过的病害，如白绢病、炭疽病、细菌性软腐病、疫病等，采用与之相对应的消毒药剂浸泡。对于来自病毒流行区的兰苗，不论是购买贩运者还是邮购的，也不论是否有病毒特征显现，均应按有病毒潜伏的兰苗来对待，用显效抗病毒药剂浸泡。

如果仅是引种下山兰或自育的基本无病害的兰苗，就可选用广谱、高效杀菌剂消毒。

②预防虫害。仔细观察兰株，如发现兰苗上已有介壳虫、红蜘蛛等虫斑，或是自育兰苗曾发生过各种害虫为害的换盆苗，就应选用具有杀卵功能的杀虫剂消灭可能潜伏的虫卵。

③综合性消毒。在实际情况下，兰苗的病害往往是不止一种的。所以除了需要防菌类和病毒之外，还应考虑在上盆的节令里最易流行的是什么病害，或者兰苗上已经有了什么病征。然后根据兰苗的发病情况，在主攻药剂中加入相应的副攻药剂。

如果不知兰苗的来源，也难以辨识什么病症的情况下，只好采取综合性消毒的办法。

为提高防治效果，可在各种稀释液中加入200倍液的食用米醋以引药直达菌虫体而增加杀灭效果，无论用什么药剂，消毒的方法都是将兰苗浸泡在药水里100~15分钟，然后取出晾干。

（3）兰苗晾根。晾干兰根的目的在于让兰根由脆变软韧，便于理顺布设，减少新的断根。新下山的、网上买的、自己老盆口分株的苗株，种植前先修剪掉烂根、空根、烂叶甲，还要注意刮去叶甲内、叶片沟槽内可能存在的蚧壳虫等病虫，洗净全株后浸入800~1000倍的甲基托布津溶液中浸泡约20分钟，取出后倒挂晾干至肉质根变软发白，时间不宜过长以免叶片脱水。通过晾晒成半干后，根软而韧，上盆时可在盆内依需引转布设，不易折断。此外，通过晾晒，既可使根的创口愈合结痂，减少新的烂根，又可激活株体的生命力，增加发芽率，提高生长力。

兰苗晾根的方法很简单，如果是在晴天，把经浸泡消毒过的兰苗冲洗干净后，摊放于日光下，用纱布或遮光网盖住所有兰叶，在早晨的弱光照下晾晒2~3小时。如光照强烈，晾晒时间的一般不超过2小时。晾晒时应注意经常翻动，以让所有茎和根全面接受阳光沐浴。如遇阴天，可把兰苗摊于通风处，下面架空，晾根2~3天。如发现叶片有轻度脱水，可采取对叶片喷水雾的方法使叶片水分还原。如果只有少量的兰株，可将兰苗倒挂在通风处，让风吹干水分。

#### 4. 兰苗上盆

兰株上盆的操作技术程序一般分为垫排水孔、填垫底植料、填粗植料、布入兰株、填入中粗植料、填入细植料、构筑馒头形等7个步骤。

（1）垫排水孔。栽培兰花用的盆底部都有一个较大的排水孔。如果所选的兰盆排水孔不够大，则要用工具将其扩大，以利排水和透气。为了防止害虫和蚯蚓等从盆底排水孔进入盆内为害兰花根系，要在盆底排水孔上先盖一片塑料网兜，遮住盆底孔，然后在上面加盖大片的碎盆片二至数片，使各个碎盆片之间交错叠排列，形成自然的间隙。如果仅用一大块瓦片盖上，用不了多少天，泥浆淤积，整个孔就被堵得严严实实，这个大孔失去存在的意义，致使兰盆积水，溃烂兰根。

盆底中孔遮挡物也可以使用一种兰花专用的排水器盖在排水孔上，起的作用与碎盆片相同。现在市场上出售的由专业塑料制品厂生产的圆塔形"疏水透气罩"，根据花盆大小有多种型号，其上孔洞密如筛，经久耐用，价格也不高。如不方便买到，或者只有少量栽培，也可用易拉罐、矿泉水瓶等自己制作。只要将矿泉水瓶上半部切去，留下下半部，用火签在上面烙烫出若干排水孔，然后瓶底向上摆放就可以。上好疏水透气罩后，再放入疏水导气管，一般直插于疏水透气罩之上，如果盆栽单簇兰的，可斜放，让上端靠盆口缘。

（2）填垫底植料。排水孔垫好后就可以填垫底植料了，做法就是在疏水透气罩上填入泡沫塑料块或砖瓦碎片或干树草根至约盆高的15%。垫底植料的主要作用是疏水透气，过去一直用直径为0.3~0.6厘米或1厘米的碎瓦盆片粒、浮石颗粒，现在从物品的性能来看，最好使用软木炭，它质地轻，既能疏水透气，又无污染，而且盆内水分过多时，能吸掉部分多余水分。当盆内干燥时，又能上升水蒸气湿润基质。其次是泡沫塑料碎块。此外，也可使用经阳光暴晒过的干树草根作为垫层材料。

（3）填粗植料。填疏水透气垫层物时，通常是将较粗大的颗粒填在最下面，细小颗粒放在上面，构成一个排水层。排水层的厚度为盆深的1/5~1/4。这一层的厚度常因兰花种类不同而有所变化。要求根部透气性强的建兰、墨兰、宽叶兰等，排水层可以适当厚些，春兰和蕙兰排水层可以稍薄些。盆栽兰花成功的关键之一是盆土一定要排水透气，兰花栽培专用的兰盆多为长圆柱体，就是为了能在盆底构成这个排水层，排水层上面才是培养土。

（4）布入兰株，填入中粗植料。植兰入盆时往往要将几丛兰苗拼成一盆外观相称的一撮苗。植入方式为老株靠边站，新苗摆中间，注意要使有新芽的部分向着盆沿。栽植时要给2~3年内生出的新芽留出空位。因为不论是簇兰还是单株兰，都要萌发新株。把有老株的一侧或鳞茎略偏的不易发新芽的一侧偏向外侧，把附有新株一侧和单株鳞茎呈圆弧形一侧朝向约有3/5空间的内侧，待新株发出来后，整盆兰将正好处于盆面中央。从观赏角度上看，集中栽于盆中央比较紧凑，也有凝聚力的美感；从生产角度上看，分散布设栽植有利于通风透气、透光受阳，减少病虫害的为害，也有利于发芽和开花。

如果是盆栽2~3簇，每簇又不超过3株的，可以把新株朝外母株朝内，呈三角形，相对集中于盆中央栽植；至于盆栽多簇的，还是呈四角形、五角形或圆形布设栽植为好。

（5）填入细植料。直桶盆可将国兰放于盆中间，兰根直立进盆；敞口盆要将长兰根转圈于盆壁，使兰苗稳住根基。兰根好长的，可在填入垫底植料后，即布入兰株。一般是填入粗植料之后，布入兰株。一手扶住兰株，理顺兰根，一手填入中粗植料。如盆植多簇兰株的，应请另外一人帮填植料，直至盆高的过半。最后填入细植料，直至盆高的85%。

填充植料时要逐步添加，做到实而不虚，虚易脱水而腐根。小盆植料宜细，大盆植料宜粗，植料放好后轻摇兰盆，使兰根与植料稍有接触度。盆栽用的腐殖土要稍干一些为好，这样盆栽时腐殖土容易填入密集的根系之间。但也不宜过于干燥，因为腐殖土干燥后极难吸收水分，盆栽后往往浇水很多次也不能把盆土浇透或只是盆土表面湿润，而盆内仍然是干土。栽植好的兰花苗应稍向内倾斜，这样将来生出来的新芽才是直立的，可保持优美的姿态。

填充植料时还要注意边填边将兰株向上提一提，这样做一是可以使兰根舒展不窝根，二是使国兰处于浅植状态。因为国兰在野生时，其假鳞茎都是裸露于地表的。从国兰的形态特性看，它的叶芽和花芽都是从假鳞茎基部长出。如果深栽了，其生长点和幼芽极易遭水肥溃烂。因此，栽兰深浅的原则是应该让假鳞茎的3/5裸露出地表，让长叶芽、花芽的假鳞茎基部有土依附，有湿润的条件和有透气、受阳光的条件。上盆时，让假鳞茎之顶端与盆面缘保持一致的高度最为恰当。

（6）构筑馒头形。兰苗栽植稳定后，要在假鳞茎根基间填入粗植料，然后逐步填上细植料，用手拍拍盆壁，使基质与兰根紧贴。接着再填细植料，使株茎与基质在盆面上构筑成馒头形并微露于盆面。这样做有5个方面的好处：①兰株基部半裸露于盆面，能经常获得自然光照和新鲜空气，利于它的健康生长；②兰盆的高度是有限的，兰株基部上浮，就相当于增加了兰盆的高度，兰根的生长空间也就随之增加；③兰株基部上浮了，假鳞茎基部就能常偏干，着生于假鳞茎基部的根生长点、芽原基、花原基、新嫩根、叶芽、花芽都可免遭水肥渍伤；④兰株基部上浮了，盆面基质与盆口缘尚有3厘米以上的围栏空间，浇施水肥时，就有个暂时的蓄水空间，不至于一浇则溢出盆外，可确保浇透全盆，也更方便于喷壶嘴伸入盆缘浇施；⑤盆面有个圆弧形，可把翠叶和香花衬托得更加富有美感，最后在馒头形之上铺上一层水苔，或密排上小石子，以防在浇施水肥时，馒头形被水冲散。

### 5. 栽后浇水和缓苗

一般花卉栽植后都要立即浇定根水。这样做是为了让花卉的根系能够与培养土及时密切接触，确保花苗不因移植而失水。但由于兰花根系的特殊性，在浇定根水的问题上不能千篇一律，有些兰苗可以即时浇定根水，而有些兰苗却要缓浇。因为即时浇定根水，虽可即时滋润兰根，但有可能因水渍烂根群创口而造成新的烂根，缓浇可避免此弊端。所以，兰花栽植入盆后的定根水不都是立即就要浇，而是要根据实际情况而定。

（1）宜即时浇定根水的兰苗。一是苗质好，几乎无创口，仅经预防性浸泡消毒片刻，而后又经晾干兰根的兰苗；二是起苗前已适当扣水，栽前又未经过浸泡消毒的换盆苗；三是株叶健康，未经药液浸泡消毒，兰根已十分干燥，急需水分滋润的下山兰和外购兰苗；四是基质干燥，或原为无土栽培的兰苗。

（2）宜缓浇定根水的兰苗。一是株壮根旺，几乎没有病虫侵染的兰苗，或虽经预防性浸泡消毒和晾晒兰根，但其抗逆性尚强的兰苗；二是病虫斑多，创口多，完整根少，已经多种药液轮番浸泡消毒但苗尚壮实的兰苗；三是培养基质湿度较大的盆兰。

（3）浇定根水的方法。兰花浇定根水的方法有淋浇、盆缘缓注和浸盆三种。浇水时可根据不同情况采用不同方法。

①淋浇法。对于不存在未发育成熟的新芽株的，可采用淋浇法。此法既方便，又可清洗掉沾在叶片上的泥沙。具体做法是先将兰花植株与盆内植料用水浇透，浇水后约10分钟，再用水喷淋兰花植株，起清洗叶面的作用。淋洗后兰花根部已吸入水分，为保证根系充分吸入水分，在喷洗后10分钟再浇1次水，这叫补浇。补浇后10分钟再用稀释1000倍的托布津或多菌灵液喷淋兰花植株及盆内，这是积极预防病害发生的必要措施。

②盆缘缓注法。对于有新芽长出，或新株正在展叶期的国兰，应采用盆缘缓注法。此法可避免水浇至叶芽心部而造成水渍害。具体做法是将水用水壶或其他盛水的容器沿花盆边缓缓注入，要求缓慢浇灌，过10分钟后再续浇1次，力求浇至盆底孔有水渗出为止。这样，基质中的粉末状沙土可随浇定根水而排出盆外，降低了盆土板结的可能性。

③浸盆法。对于用素烧盆栽植国兰的，可以用浸盆给水法。方法是用大盆盛水，将栽植好国兰的兰盆浸泡在水中，让水通过盆底排水孔和盆壁缓缓浸入兰盆内。这样可保证湿透全盆基质，又不冲实土壤。但此浇水法费时费事，只适于栽培量少的情况。

（4）缓苗。对于缓浇定根水的，应注意叶面喷水雾，以防叶片脱水。浇好定根水的兰苗，兰盆要放在阴凉通风的环境下，不能直接有阳光照射，给兰花7~10天的休养生息期，然后再上兰架转入正常管理。

### 6. 脱水兰苗的处理和栽植

新购的下山兰和外来苗如果在运输途中管理不善，常有叶片卷曲、根系干瘪等脱水现象出现。脱水苗的成活率要比正常苗的成活率低得多，遇到这种情况需要采取相应的措施。

（1）间歇性纠正脱水。间歇性纠正脱水是种活脱水苗的关键。如果看见兰苗脱水，应立即把它放入水中浸泡，表面上看，由于给水充分，叶片和根系脱水已被纠正，兰苗好像缓过来了，应该可以种活。而实际上，只有轻度脱水兰苗这样处理后可以种活，那些脱水较严重的兰苗，多数会因上盆后根系腐烂而使整株兰苗枯死。

这是因为兰根是肉质的，含水量大，脱水干瘪快，吸收水分也快。脱水严重的兰苗在短时间内迅速吸足水分，极易撑破根皮。而被撑破了根皮的兰根，又被浸泡在水里好长时间，然后又被种植在含水量高的基质里，那遍身伤口的根必然被溃烂而影响成活。

所以，对脱水兰苗应采取间歇性的纠正脱水法纠正脱水。方法是将兰苗平放在地上，先用装有清洁水的喷雾器将兰苗全株喷湿，待其干后1小时再喷湿。如此间歇性喷湿，让根皮变软，根体、叶片也都已吸收了些水分，等到兰株已初步恢复自然，再按照正常兰苗给予进一步的浸泡给养或消毒。

（2）兰苗消毒。脱水兰苗的生活力逐渐减弱，对病虫害的抵抗能力也随之下降。因此，对脱水兰苗要彻底扩创病斑，切断病害浸染源。同时喷施杀菌剂，消灭浸染源。

不论哪类兰苗，均难免有菌病斑。那些随植株输导组织潜伏于兰苗体内的致病真菌，遇到高湿的生长环境便又会高速繁衍大肆为害。可在消毒时选用600~800倍液广谱杀菌剂加200倍液食用醋喷施，干后续喷1~3次。

（3）上盆后封闭管理。脱水兰苗不宜立即浇定根水，上盆前应先把培养基质喷湿，达到手提能成团，触之则散的适度。上盆后要控制空气湿度和光照强度，最好放入温室封闭管理。没有温室的可将兰盆列于红砖铺设的湿润地面上，用毛竹架设小拱棚，上面覆盖塑料薄膜和遮阳网，散光管理。少量盆兰，可用铁丝在盆面架设拱架，用塑料袋把全盆套住，放在有遮阴的场所精心管理。

（4）加强给养，促进恢复。上盆后，喷施1次"植物动力2003"1000倍液，以后每隔3天根外喷叶面肥1次。上盆1周后，根群若已恢复自然，可选用"兰菌王"500倍液加"三十烷醇"2000倍液浇施1次，10天后再浇1次。

新上盆的脱水兰苗在日常管理过程中要注意做到恒温、保湿，不要给强光辐射，用遮阳网调节光照强度，散射光照管理，多可种活。每次浇喷水肥时，均应在通风的情况下进行，待风吹干株叶水分后方可封闭管理，以防水渍害发生。

**复习思考题**

1. 国兰生长对环境有哪些要求？

2. 怎样做好阳台改造工作？

3. 国兰苗上盆有哪些步骤？

# 四、催花技术

人们种国兰的主要目的是赏花，但如果种养不当或管理不善，国兰可能不开花或少花。只有遵循国兰的生长发育规律，在管理上下功夫，国兰才会多开花，且开出好花。

## （一）适度分株

兰株为了保证自身的正常生长，在新的生长中心形成后，会吸收邻近兰株制造的营养物质，这就是顶端优势。顶端优势抑制了其他休眠芽的萌发。因此，栽培上可以采用分株，即截断营养链，使兰株的营养不再往顶端输送，以促使休眠芽萌发，从而达到多发苗的目的。

实践证明，适度分株是完全必要的。①盆里的兰株多了会形成"僧多粥少"的局面，营养供应不上，势必会造成少发苗、发小苗。②盆里的兰丛大了，兰株多了，兰根在盆中盘根错节，下部萌发的兰芽挤不出来，甚至钻进根部闷死，造成夭折；即使发出芽来，新芽的根也无立锥之地，草也长得很弱。③老草新苗数代同堂，老兰株不仅不发芽，还要消耗营养，影响新草多发芽，发壮芽。④古人养兰有"极弱则合，极壮则分"的说法，"分"就是指点分株。过壮、过大、过密的兰丛，其发芽率往往极低，白白地浪费了资源。

最好的做法是：视兰丛情况，在分株时将垄头分别切下2~3株，以利前垄草发壮芽、长大草，而后垄老草则以2~3株为1丛分开另植。

这样做可使几年不曾发芽的老草返老还童，焕发青春，提高国兰的发芽率。老草分株的时机，春兰在3月、蕙兰在4月（花期过后）比较合适，1个月后即能发芽，当年即可成草。但要注意的是，春兰3龄、蕙兰4龄较为适宜，草龄过大的老草衰弱，不仅难发苗，而且新苗弱小，不利复壮。

### （二）扭伤处理

扭伤假鳞茎连接处，促使多发芽。理论上，假鳞茎连接处被扭伤，兰株间的营养输送会受到影响，老草制造的营养向前输送会遇到困难，从而激发老草上休眠芽的萌发。

扭伤假鳞茎连接茎的方法主要适用于春兰。具体做法是：在春天的3—4月，脱盆取出兰草，双手分别捏住两个假鳞茎的中上部，以免捏伤芽点，分别向相反方向扭90°，听到"噼啪"一声即可；如果听不到响声，可继续扭180°。注意不可完全扭断连接茎，要使其呈半分离状态。然后在扭伤处敷上甲基托布津粉末，以防感染病菌。最后将兰株种入盆中。不用多久，处于半分离状态的爷代、父代、子代的假鳞茎就可各自发出新芽，有的还能发双垄。采用这种方法发出的芽也较苗壮。

另外，也可以尝试拆单种植，拆单种植的道理和扭伤假鳞茎一样，也是截断假鳞茎间的营养输送，激发假鳞茎上的休眠芽萌发。拆单种植宜在4—5月进行，此时的温度较适宜于国兰尽快地发芽生根。拆单种植有两种做法：一种是将翻盆拆下的单苗另行种植，发出的草要小一些，管理难度也较大，被拆下的单株苗最好几苗合栽一盆，可减少工作量；另一种是采用盆中分株法，即不脱盆，拔去假鳞茎以上的植料，露出2个假鳞茎之间的连接茎，用消毒过的剪刀将连接茎截断，在伤口上敷上甲基托布津粉末；过几小时再填上消毒过的植料，最好是植金石和仙土的混合料；过3天待切口结痂后浇水。经20余日即可发现新芽萌动。单株种植的前提是繁殖能力强的品种，且植株健壮、芦头粗大、根系发达。苗弱根差的兰株不宜拆单种植。

## （三）适当控温

国兰一年中有春季和秋季两个生长高峰期，同时也有两个休眠期。盛夏温度高于35℃时生长缓慢，甚至生长停滞，进入夏季休眠期；冬季温度低于15℃时也停止生长，进入冬季休眠期。因此，在国兰种植上，可以通过适当地控制温度，缩短国兰的休眠期，延长国兰的生长期，以达到让国兰多发芽的目的。

具体做法是：6—10月温度宜控制在昼温25~30℃，夜温15~18℃。可选择海拔600米以上山区越夏，霜冻前下山，或从惊蛰开始，将兰室温度提高到15℃以上，时间约半个月，也就是使国兰提前半个月进入生长期。当夏季兰棚温度高于35℃时，想办法将小环境温度降至30℃以下，从而使国兰正常生长，延长国兰的生长时间。当初冬温度降至15℃以下时，采取措施将兰室温度提高到15℃以上，使国兰延迟进入休眠期，时间也在半个月左右，从而延长国兰的生长时间。用这种办法延长兰草的生长时间，只要用得恰当，两年多发一代是完全可能的。但要注意，要控制好温度，不宜太高；每次时间不可太长，要让国兰有足够的休眠时间，否则兰草的抗病能力会下降，从而造成意想不到的危害。

## （四）加强管理

让国兰多发芽、早发芽、发大芽涉及方方面面的管理工作。因此，在栽培管理工作中，特别要注意以下几点。

### 1. 选好植料

植料是国兰赖以生存的物质基础，也是兰草能否多发芽、发壮芽的关键因素之一。好的植料是通风透气但不快干，保湿保润但不积水，肥性温和但不暴烈，无病菌，无病毒，微酸性。植料要混配，比例要恰当，优势要互补。用这样的植料栽培国兰，根系才会粗壮，兰草才会健康茁壮，兰芽也自然会多发。

### 2. 适当深栽

现在植兰一般都用颗粒材料，且大都有遮雨措施，因而盆面容易干透，因此要适当深栽。一般假鳞茎需埋约 1 厘米深，这样才具有兰芽萌发及生长所需要的土壤、荫蔽的环境，以及稳定的温度。

### 3. 水肥管理

春季营养生长期应勤水勤肥，培育壮苗。以氮∶磷∶钾配比为 14∶14∶14 的缓释肥为基肥，或者花生麸、豆饼发酵后拌骨粉或过磷酸钙 10~15 克，以固体粉状施于盆面。基质见干就浇水。叶面追肥以施氮∶磷∶钾比例为 20∶20∶20 的水溶性复合肥 1000 倍液为主，每 10 天施 1 次。

夏秋季为花芽分化期，应适当控水，使基质呈半干半湿状态。6月中下旬至 10 月花芽分化期改施氮∶磷∶钾配比为 9∶45∶15 的水溶性复合肥 1000 倍液。看到花芽后改施氮∶磷∶钾配比为 10∶30∶20 的水溶性复合肥 1000 倍液。15~20 天施 1 次。

冬季增加磷、钾肥的施用量，降低氮肥比例。进入冬季适时通风、降低湿度，保持基质含水量在 45%~50%。

### 4. 适度光照

"阴养则叶佳，阳多则花佳。"这是前人养兰经验的总结。国兰虽是喜半阴植物，但阳光是国兰进行光合作用制造养分的源泉，是国兰发芽产生花蕾的重要条件。如果光照不足，不仅兰叶疲软，而且国兰发芽迟，新芽瘦小。但光照强度也要适度，以晴天为准，夏季遮光率为 75%~80%，全天遮顶，光照强度宜为 3000~6000 勒克斯；春秋季遮光率为 20%~50%，光照强度宜为 3000~8000 勒克斯。除夏季和初秋高温酷暑需适当遮阴外，其他季节要去掉遮阳网，尽量让国兰接受充分的光照，使兰花沐浴在自然环境的新鲜空气中。

### 5. 防病治虫

在兰芽的萌发和成长过程中，病虫的为害是最头痛的事。最可怕的是茎腐病，整盆花没几天就会枯黄死掉；还有软腐病，兰芽刚长出不久就会烂掉，即使再发芽也还是要烂。还有的兰芽尚未出土就被蜗牛、蛞蝓啃得伤痕累累。总之，为确保国兰健康生长，须及时防治病虫害。

**复习思考题**

1. 怎样做好国兰适度分株工作？
2. 怎样做好国兰扭伤？
3. 怎样控制国兰的温度？

# 五、养护管理

## （一）光温气水管理

### 1. 光照管理

在自然界，国兰大多生于有散射阳光的地方，从而形成了"喜日而畏暑"的生长习性。因此，在人工移植后，应当依其习性，夏初至中秋要适当遮阴，避免中午前后阳光直射，阳光过强会灼伤叶片发生日灼害。而且花朵开放后庇荫可以延长开放时间，花秆拔节期增加遮阴可提高花秆高度，春兰绿色花瓣的花多遮阴可使瓣色更加嫩绿。中秋至初夏可接受全光照，其中蕙兰可适当多一点阳光，不同地域光照强度、温度和时间有差异可适当提前或推后遮阴时间。在冬春季节光照弱时，除了叶艺兰给予半遮阴外，其他绿叶兰可以全光照，以利兰株的正常生长发育。因此，在进行光照的管理时，应当根据栽培国兰的种类习性，对国兰栽培场所进行光照的调节。

（1）用建筑物调节光照。利用国兰大棚温室或亭、廊、水榭等挡光位置，适当摆放兰盆。在向阳的地方可以挂上竹帘。夏季可利用荫棚，兰花荫棚形式可以多样化，建筑材料也可采用不同的来源。一般比较坚固的永久性建筑，可采用钢筋混凝土做骨架，上面铺盖竹帘或遮阳网。也可以采用竹、木、钢管作为骨架，上盖竹帘或遮阳网。上面盖的竹帘、遮阳网等应有不同的疏密度，最好能自由活动，随时能自由调节以控制遮光度。

（2）用遮阳网调节。遮阳网有不同的密度，通常为50%、

60％~70％、70％~80％、90％ 等。在光照强烈的夏秋季节，经常需要覆盖两层遮阳网进行遮光，一层遮阳网是固定在花棚上的，遮光率一般为60％ 左右，不必每天进行收展；而另一层遮阳网则是活动的，遮光率为75％ 左右。在晴好的天气下，活动的遮阳网一般在9点开始展开遮阳，傍晚太阳下山前把它收起。阴天或下雨天活动的遮阳网需要收起不必展开。冬春季节光照较弱，温度较低，由于覆盖有薄膜进行保温，一般使用一层遮阳网进行遮阴即可。

（3）用植物调节光照。在养兰场地的周围或西南方向种植常绿树或落叶树，按照高低及树阴疏密适当配置，可以调节光照。搭棚架也能起到遮阴作用，多半在养兰的场地上搭起竹架、钢架或木架，上面有数根横梁，四周种植攀缘植物，任其爬蔓其上，既美观大方，又经济实惠。

（4）光照时间的补充。养兰场所有时会因阴天的影响或受高层建筑物遮挡，形成自然光照时间很短的现象，可以采取以下方法补充光照。

①反射法。可选用大镜子，或金黄色、银白色金属板，架设于能把光线反射到兰场的地方，以反射自然光。

②灯光补充法。兰科植物最容易吸收红色和蓝色光线，良好平衡的红色和蓝色光线对光合作用尤其重要。根据实验证明，红光能促进兰花的生长，而蓝光则对茎叶增粗，加速植株发育，调节气孔开放等是不可缺少的。另外，一定强度的长波紫外线也是必不可少的，它能帮助兰花形成花青素，抑制枝叶的伸长。因此，室内种植兰花的人工照明需要配备4000~5000勒克斯的光照强度；全波段、连续光谱的照明光源；良好平衡的红色（610~640纳米波长）、蓝色（420~450纳米波长）光线；一定强度的长波（400~420纳米波长）紫外光线。一般在兰叶面上方1.5~2米处悬挂1支40瓦日光灯，两端再各加挂1支3瓦的红色荧光灯，就可满足10~15平方米兰场的补照需要。

国兰用灯光补照的时间一般在白天进行，凡白昼，何时无日照，就何时开始补照。但若在夜间补照，就等于把短日照的兰花变为长日照花卉，而导致不易开花。当然，如要创育新品种，也可以于夜间补照3~5小时。

2. 温度管理

国兰生长的适宜温度为20~28℃，温度过高或过低都不利于国兰生长。栽培中除了用空调或冷、热风机调节温室温度外，也可以用人工辅助调温。如在接近顶棚处安装风扇，在棚外种植树木遮阴，热天用水喷洒棚顶或在一侧形成水帘，兰棚内架设管道以冷热水调温、盖苇帘保温或在棚内烧炉子等。

（1）应急升温法。浙江地区冬季一般无酷寒，因而养兰多为冷室，没有固定的采温设施。但有时在冬季也会出现零下的低温，遇到这种情况，可采用以下简易的应急升温法。

①电器升温。电炉煮水升温，每50平方米的棚室，用1台1000瓦的电炉煮开水，散发出的热量便可满足其升温之需。空调升温，每50~70平方米的棚室安装1台。远红外电暖器升温，每12~15平方米的棚室有1台900瓦的远红外电暖器升温足够。电灯泡升温，在兰叶面上空1~1.2米处，每隔1.2~1.5米悬挂1个60~100瓦电灯泡，也可以每隔0.4米悬挂1个40瓦电灯泡。

②蒸汽升温。在兰棚室外用煤炉烧高压锅煮水，用橡胶导管把蒸汽输入兰架下升温。每100平方米的棚室，有1个大高压饭锅煮水的蒸汽输入室内就足够。每小时需加水1次。

③炭火升温。在山区，兰室传统的升温方法是在室内烧木炭火盆，为了增加空气湿度，多在火盆上支起支架，吊一水壶烧水散发蒸汽。

（2）兰室防冻。国兰在低温下受害有两种情况：一种是冻害，当温度下降到0℃以下时，国兰体内发生冰冻，因而受伤甚至死亡；另一种是冷害，0℃以上低温，虽无结冰现象，但能引起国兰生理障碍，使植株受伤甚至死亡。

①进行抗寒锻炼，提高兰株抗性。一般自秋末开始，就要根据具

体情况对国兰进行抗寒锻炼。具体做法：稍微推迟兰花入室的时间，增强国兰抗寒能力；从8月起就要注意停施氮素，增施能提高株体糖含量的磷素和能使株体的木质素、纤维素迅速增加而促进茎叶坚韧的钾；适当扣水，使植株内含水量下降，不易结冰；增加光照，利用秋夜气温低、时间长的特点，把株体内的淀粉水解为水溶糖，进而增强细胞的保水力以降低冰点，提高抗寒力。

②抑灭细菌。在下霜前半月左右，用300微升/升的链霉素溶液全面喷施株叶，5~7天1次，连续2~3次。在停用链霉素的第7天，用1500倍液医用阿司匹林（乙酰水杨酸），以作用于株体的基因，生成多种与植物抗病有关的蛋白质，阻止病原物的入侵、扩散，杀死或抑制其生长，从而起到提高抗冻的作用。

③增设防冻设施。冬季冷空气较频繁，冬季防冻还要采取以下措施。一是兰室需覆盖塑料薄膜进行保温，一般在每年的10月底至11月初温度开始下降时覆盖，直到翌年3月底温度回升时再拆除。遇强冷空气时，塑料薄膜棚顶上要加盖草帘，或采用双层薄膜效果会更好。晴天要注意在棚室的东南向打开一定的空隙，让棚室的空气有些微流动，以减少水蒸气上升。二是在兰架的盆兰上架设小拱架，覆盖无纺布、棉布、麻袋等以吸潮、保温。如果是家庭养植的少量盆兰，可以用棉絮或羽绒给兰盆做一个保温围套，将兰盆放入其间，上面罩一个自己制作小塑料薄膜拱罩，同样可以起到防冻效果。

（3）兰室降温。国兰在生长发育期间对温度的要求基本是一致的，并且都有昼夜温差需求，一般白天的生长适温为20~25℃，夜间为17~20℃。白天气温如果高于30℃，国兰便会停止生长，进入半休眠状态的滞育期。夜间气温若是高于20℃，国兰则会因为呼吸作用强盛，消耗大量养分而早衰。因此，不仅白天气温高了需要降温，夜间气温高了也同样需要降温。一般生产上给兰室降温的措施如下。

①遮阴。自然条件下的热量多来自阳光，遮阴是降温的最主要措施。在炎热的夏季，可在固定遮阴设施上方50厘米处再增设一层活动遮阳网，以此来调节光照强度，同时也调节了温度。在兰场四周种

植高大乔木树种，扩大遮阴范围，也是夏季降低气温的有效手段。

②通风。在兰室的墙面上设大型换气扇，兰架间设小电风扇，兰室内架设通气管道，暑热天气常开门窗，都可以增加通风量，使兰场保持空气流通而降温。

同时要注意加强通风降温降湿，夏秋季节可全天打开花棚南北两边的大门通风换气。在天气晴好的时候，可以将设在兰棚室塑料棚顶端的天窗打开，雨天则盖上。晴天因空气受热膨胀上升，热空气便从天窗腾出兰室外面，既可有效地加强兰室的通风，又可使兰花在夜间得到露水。

在离兰室地面高50厘米处，设置15厘米粗的塑料水管，直伸棚室顶空3米以上，它可以有效抽掉兰室内的热空气，从而增加兰场的通风量，达到自然降温的效果。据实验可知，在兰棚室内每10~15平方米设置1根通气管便可满足降温的需求。

③增湿：在兰室内设喷雾设施，在兰架下设蓄水池，或放置水槽、水盆，在通道上铺红砖浸湿，在兰场四周墙上挂上蓄水的布帘、海绵，淋湿水，在兰室外周挖设沟渠，设置全自动加湿器等都是增加空气湿度的有效方法。也可以通过对国兰喷洒叶面水来进行降温、增加湿度，一般在棚内温度超过30℃、湿度低于65%时就需要进行洒水。

小型的兰室，可自行制作简易加湿器。方法是在兰室的边角处安放一个储水桶，接上一根直径1.5厘米粗的塑料导管，在导管正下方50厘米处吊一根竹竿或塑料管，导管上每隔20厘米针刺一小孔，使之约每5分钟渗1滴小水滴。小水滴滴在竹竿上便可溅起细水雾，给兰场增加空气湿度。

有些家庭将兰盆放在空调房间内降温，由于空调具有抽湿的功能，同样要注意增加室内的空气湿度。

3. 气体管理

"气"是国兰的命根，国兰进行呼吸和光合作用都需要良好的通气条件。不仅兰室要求通风，兰根生长的环境也要透气。在养兰过程中，要处处不忘给国兰创造通风透气的环境条件。具体措施如下。

（1）选易于透气的兰盆。用于有土栽培的兰盆，应选择质地粗糙而无上釉，盆底和周边多孔的陶器盆。盆底中大孔不应堵死，应盖疏水透气罩或设法架空，盆中能插支疏水导气管则更佳。如兰盆无盆脚的，应用砖块垫高。

（2）选透气性能良好的植料。为了使兰根呼吸通畅，应在腐殖土中混入不少于40％的粗植料。盆底垫层和下部植料也应粗糙些。

（3）栽植不要过密。在兰圃中培育的国兰，栽植时要保持适当株距。在兰盆中栽植的国兰要适当疏植，新株萌发多了要及早分盆。在兰棚中陈列的盆兰，最好使盆距应有10厘米以上的距离。

（4）棚室要注意通风。在国兰生长季节，兰棚室应常开门窗让空气对流。不仅气温高、空气湿度大时和浇水肥、喷雾后要启动排气扇等一系列通风设施，就算冬季保温防冻时，也应注意在晴天时适当开窗换气。

国兰养殖环境的通风要好，过于郁闭则易生病虫害，小风吹拂最相宜，避免强风吹袭，风力过大叶边细锯齿相互摩擦容易伤叶，也可能造成折叶，叶片损伤影响美观。

4. 水分管理

水是国兰的生命活动中不可缺少的要素。养兰在于养根，给国兰浇水是栽培管理中最重要，也是最难掌握的环节。自古就有"养兰一点通，浇水三年功"的谚语，说明给国兰浇水需要经过长期的实践和探索才能掌握。水分的管理重点主要是供水的水质、方法、时间和供水量，还要注意结合国兰生长状况和具体环境情况。

（1）供水水质。栽培国兰的用水要自然、纯净，以清洁、温凉、微酸（pH值为5.5左右）为好。但在自然界中，水源不同，它们各自的水质也各不相同。在长期的养兰实践中，水质的优劣顺序大体上是雨水（包括露水）最佳，其次为冰雪融化的水，再次是山间流动的溪水（包括泉水），往后排列依次为没有工业污染的自然河水、池塘、湖泊、水库等的水，自来水，井水。

（2）供水方法。国兰除了根部能吸收水分以外，叶片也能吸收水分。所以给国兰供水有根部供水和叶片供水两个途径。

①根部供水：在设备先进的自控温室中，国兰的根部供水广泛使用滴灌法，即将滴水管插入每个兰盆的植料中，根据植料的湿度情况，由微电脑控制向兰盆内自动滴灌。常用的养兰根部供水方法类似于上盆时浇定根水的方法，即盆缘缓注法、淋浇法、浸盆法三种，养兰时可将这三种方法混合使用。

盆缘缓注法就是用水壶沿盆边缓缓注水，此法的优点是水不会灌到叶心，缺点是浇水速度慢，1次难以浇透，要反复多浇灌几次才能达到浇透的效果。掌握此法不当容易造成兰根的生长方向不正常，出现浮根（即根水平生长）甚至根大多向上生长，造成兰根吸收状况很差，发展缓慢、长势也弱。

淋浇法就是用喷壶或喷灌机的莲蓬头洒水，把整个养兰环境都喷湿，对大面积露天养植的兰圃最适宜。此法的优点是让水从土表渗到兰根，湿润兰盆，水可浇透整个兰盆。缺点是水易溅到叶心内，要小心使用，否则会烂心。喷洒的水要细，量不宜过多，以湿润为度。喷水时间宜在早晚进行，如遇气温特别高时，可对盆体和周围喷水，目的在于降温。喷水时要注意两点：要灌透，直到花盆底部有水流出为止，防止出现"半截水"而影响兰株的正常生长；水压不要打开太大，以防把叶片弄折，可将花洒接在水管上灌水。灌水时花洒位置应靠近基质，从侧面进行浇灌，不能当头淋下，防止兰株心叶积水而导致烂心。

浸盆法就是将兰盆的3/4连同植料一起浸入盛有水的水池、大盆或水桶内浸泡，优点是水可浸透，缺点是容易传播细菌，且费工费时。泡水时注意水面不要漫过盆沿。一开始盆体吸水水面下降较快，要耐心添水，直至水位稳住后泡上2~4小时。兰盆取出后一定要置于通风处晾晒一阵，待水滴停止后，再放回正常位置。

②叶片供水：国兰长期生活在湿度较大的场所，形成了叶片吸收水汽的生理特点。常用的叶片供水有喷雾和增湿两种方法。喷雾是用

喷雾器喷出细雾，直接散落在兰叶上，让兰叶通过气孔吸收进体内；增湿是增加空气湿度，可用增湿机喷雾；可以在兰架下设蓄水池或水盆来增加水分挥发；还可以人工模拟降雨，溅起水雾，增加空气湿度；另外也有用增氧泵放水盆内帮助挥发水汽等。

正常情况下，国兰周围的空气湿度应保持 75% 左右。露天养植的兰圃，如果兰盆四周种有乔木且枝叶茂盛，地面又有低矮植被的话，夏、秋两季兰盆周围的空气湿度基本就能达到上述湿度要求。在阳台上养植国兰，增加空气湿度的常见办法有在阳台砌水池、水槽，在阳台放置水缸、水桶、水盆等盛水容器，悬挂布帘或铺设海绵等蓄水物品，浇上水后增加水分挥发。

（2）供水时间。在一天之中何时给国兰浇水要因季节和种类而异。

暮春和夏秋气温较高，对于生长在室外的国兰，早晨浇水为宜。早上浇透至傍晚转润，盆中空气流通，有利于兰根呼吸循环。如果在中午浇水，兰盆内温度尚高，骤用冷水浇灌会突然降温，使兰根生理上发生变化，影响根系吸水，甚至导致兰花死亡。如傍晚浇水，夜间水分蒸发慢，易造成渍水。

在冬天和早春季节，气温较低，国兰多在室内，浇水的时间不可过早，否则会使花盆植料因为水分过大而结冰，导致国兰受到冻害。一般在这个季节，以上午 10 时左右或中午气温回升后浇水为好。

（3）供水量。"不干不浇，浇则浇透"是对国兰供水量多少的一种衡量标准。但往往浇 1 次水，因为水流太快，虽有水从底孔流出，仍达不到"透"的标准。为了使盆中植料湿透，可分数次浇或采用浸盆法供水，对于干燥的颗粒植料，非浸盆不能浇透。但浸盆法不要连续使用，须间隔一定的时间。另外，冬天及早春，用水量不宜太大，以润为好。注意不要浇半截水。不能认为国兰不可多浇水而不敢浇水，常浇半截水会使盆料长期上湿下干，造成兰盆中下部根缺水干枯。

供水量以基质湿润透为度。一般规律：生长期多浇，休眠期少浇；高温多浇，低温少浇；晴天多浇，阴天少浇；生长好的多浇，生长不良的少浇；瓦盆多浇，瓷盆少浇；树皮、卵石基质多浇，水苔、蕨根基质少浇。

（4）浇水策略。

①看土和盆。盆土的干湿程度是浇水的直接依据，最好的浇水时机是盆土出现干而不燥，盆底孔润而不湿时。一般家庭养兰都没有测定分析水分含量的仪器，常用的简易办法是经验判断法。视长势判断，细心观察兰株和盆面附着生长的其他植物的长势，如附着生长的其他植物已经萎蔫，兰株叶边缘有微卷现象，叶片显得较软，则盆土偏干；如叶面无光泽，叶边缘翻卷明显，则表明盆土过干，再干就会整株萎蔫，严重时倒伏。遇到上述情况时不宜猛给水，要放在阴凉少风位置，逐步给水以期缓慢恢复。看叶尖判断，当盆内植料水分过大时，兰花的叶片会出现烧尖现象或出现由浅到深的咖啡色斑点（块），这时如翻盆看根，就能清晰地看到根尖水肿腐烂；盆中植料过干时也同样有烧尖现象，如翻盆看根，也一样能看到根尖上萎缩干腐，大体上是根损叶焦。听声音判断，用小木棒轻轻敲击盆体各部位，声音清脆，说明盆土偏干，要及时浇水；声音沉闷，说明还有一定水分，可以缓浇。用手感判断，将手掌心贴在盆体外表，如有水分渗湿（瓦质、沙质盆常有这种现象），手感冷凉，说明盆土有足够水分；盆体外表显示干燥；无冷凉感，说明盆内水分有限。或者用双手合棒兰盆腰部，当向上提起兰盆时，有轻飘飘的失重感，说明盆土偏干，需要给水；反之则不必急于给水。用竹签判断，制作4~5支长40厘米、直径约3毫米的细竹签，沿盆边各个方位轻轻插入盆土，1个小时后拔起，在竹签上能清楚看到水分的深浅分布情况。

此外，浇水次数多少与盆栽材料的种类有很大关系。基质颗粒细、保水力强的基质水分消耗慢（如山土木屑等），需减少浇水次数；相反，颗粒较粗的基质保水力弱，需增加浇水次数。

②看天气。给国兰浇水，要结合季节、天气、湿度、温度、光照、风力等各种自然因素，采取不同的水分管理措施。

国兰在原产地各季节土壤中的含水量是有变化的。冬季，国兰停止生长，进入相对休眠期，浇水量要适当减少以盆土微潮为好，千万不可太湿，低温潮湿最易引起国兰烂根。春季，随着温度的上升，国兰转入旺盛生长期，这时应逐渐增加灌水量，以保持土壤较高的含水量。夏季，国兰要搬到荫棚内培养，并根据雨水的多少和盆土的潮湿程度用浇水来调节盆土的含水量。秋末，气温开始下降，这时可以逐步减少灌水量，使国兰生长坚实，有利于安全越冬。冬季及早春，开花的寒兰和墨兰，即使在冬季温度较低的情况下，也应比其他种类需要更多的水分。

在不同季节浇水时还要注意水温，冬天勿用冷水浇灌，水温要和室温相近，以8~10℃为宜；夏天勿用热水浇灌，如用水塔储水，需防止水温过高伤及兰株、兰根，水温不能超过25~28℃，也不能骤用冷水浇灌，以免伤及兰株。

在气温高、风力大、空气中湿度较低时，国兰的蒸腾作用强，这时就要多浇水；反之就要少浇水，甚至无需浇水。光照不同，遮光度不同，对水的管理也不同，受阳的多浇，背阳的少浇。不同天气光照、温度、湿度均不同，兰株的蒸腾强度也不同。基本做法是晴天多浇、阴天少浇、即将下雨不必多浇、下雨（雪）天不浇。

盆栽国兰遇到雨天是否让其淋雨要根据雨量大小而定。细雨和小雨可让国兰适当淋一淋。淋雨可以清洗叶片，滋润基质。至于中雨、大雨、暴雨则要注意遮挡。盆兰和畦地栽培的兰株不再像野生于林间时那样，上有树冠遮风挡雨，下有地表枯枝落叶覆盖水源。盆兰如任狂风暴雨侵袭，既容易受到机械损伤，又容易引起盆土积水。因此，对于没有固定遮雨设施的养兰场所，要准备临时小拱架，遇到大雨和久雨不晴的天气，随时使用塑料薄膜覆盖，遮挡雨水，以防水渍害的发生。

③看苗情。国兰原生于常年滋润的富有腐殖质、排水良好的山林土壤中，干湿度变化小，不宜大干大湿。因此浇水的方式和水量也有差别。如阔叶类墨兰多数原生于气温较暖、雨量充沛、常年湿润的原始山林中，在养培墨兰时浇水就要勤，也可经常给叶面喷些水，以便增加湿度。而建兰和寒兰却是中间的种类，对水分和湿度的需求略少

于墨兰，而多于春兰。

国兰在不同时期对水分的要求也不同。在生长期或孕蕾期应多浇水，休眠期应少浇或不浇；发芽期应多浇，发芽后可少浇；花芽出现时多浇，开花期少浇以延长花期，花谢后停浇数日，待其休眠然后再浇。

浇水还要根据国兰的生长情况。长势强壮的多浇，长势较差的少烧，病株不浇，需抢救的国兰少浇或不浇，盆内植株多的多浇，植株少的少浇。

给兰株浇水要注意浇"还魂水"。傍晚施肥以后，兰株通过一个晚上的吸收，能有效地吸收大部养分，此时最需水分，就像人饭后要喝茶一样，因而第二天早上需浇"还魂水"。这样做不仅能冲洗掉叶上溅沾的肥液，还可以洗去盆中残肥，以防肥害，特别是在气温高时，更要多浇。但也要注意浇水不要太勤。虽然国兰喜欢较大的空气湿度，植料中要有一定的含水量，但植料不可长期过湿，否则会烂根。粗颗粒植料可以适当加大浇水频率，软质料保持常"润"即可，不可过于频繁浇水，无论哪种植料，浇水就浇透。日常栽培中，绝大多数人是爱兰心切，浇水太勤，造成根部腐烂，以致植株死亡。最后要注意不任意喷水。"喷水"除给兰补充水分外，还可使兰叶保持清新。但也不能随意喷水，强烈日光照射时不能喷，高温天气不能喷，无风难干时少喷，有杂质的水不能喷，雨天湿度太大时不能喷等。

## （二）施肥和换盆

### 1. 施肥

（1）基本方法。兰花施肥主要有基肥和追肥两种。基肥是指在国兰栽植之前就施入土壤或植料中的肥料，又叫底肥。施用基肥的作用主要有两方面，一是培肥地力，改良土壤；二是为国兰生长发育不断地提供养分。用作基肥的肥料以有机肥和缓效肥为宜，如饼肥、人畜肥、磷矿粉等。磷、钾肥一般作基肥，与有机肥料一起施入。速效性氮肥不宜过多施用，以免造成养分流失。基肥用量一般占总用肥量的绝大部分。具体施用还应根据国兰种类、土壤条件、植料性质、基肥用量和肥料性质，采用不同的施用方法。一般盆栽国兰的基肥都是直接拌于植料中。

在国兰生长过程中，根据国兰各生育阶段对养分需求的特点进行施肥的措施称追肥。通常情况下，以速效性的无机肥为主，追肥的方法有根施法、叶施法和补施气肥三种。

①根施法。将肥料施入植料中，让根系吸收。盆兰根施肥料的方法有"浇""浸"等方式。"浇"是将肥液沿盆边浇于植料中；"浸"就是将兰盆直接浸在肥液中。一般常用的方法是浇施。

根系施肥要注意以下几点。一是施用的液体肥料浓度不能太高，否则会使兰花的根部细胞液体向外渗透，从而出现"烧根"现象。施肥要力求"少、淡、勤"，也就是常说的"薄肥勤施"。二是施液体肥料时要环绕盆沿浇灌，避免溅到叶面和灌入叶心。施颗粒状固体肥料时要将肥料埋入植料中，并注意在兰株周围分布均匀。三是新上盆的兰株不要急于施肥，特别是有土栽培的盆兰，植料中本身有养分，如施过基肥的则养分更加富足，无需急于施肥，可待长出3厘米以上的新根后再根据情况施肥。因为新根长出才能说明兰株基本适应了新的生长环境，即养兰人说的"服盆"。这时候的兰根吸收养分的生理功能已经恢复正常，根系在上盆时造成的创伤也基本愈合，不至于被肥液渍伤而腐烂。四是气温低于10℃、高于30℃的天气不要浇肥，接近湿度饱和的阴雨天也不要浇肥。五是施肥的时间以傍晚为好，第二天早上要浇1次"还魂水"以避免肥害。

②叶施法。将具有营养作物的有机或无机肥液按一定的剂量和浓度喷施到兰花叶片上，起到直接或间接的给养作用，简称为叶面施肥，或根外追肥。叶面施肥具有用量少、针对性强、吸收快、效果明显、成本低等优点，特别是对无根和少根的兰株很有效。叶面肥一般每月喷1~2次。喷叶面肥时可使用喷雾器或电动喷雾机进行。在使用电动喷雾机进行喷肥时，先把高压水管的一头接到电动喷雾机上，水管的另一头接上喷枪，喷肥时喷枪应与水平面呈45°，控制喷肥速度，不能过快，可在喷枪覆盖的范围内停留2~3秒，主要喷叶片的背面。

叶面施肥不能完全代替土壤根施，只能是对根部吸收不足的弥补。要真正发挥叶面施肥的作用，应把握好如下几个技术环节。一是叶面施肥的浓度控制比根施更严格，因为根部法施液肥如果浓度稍大，还有土壤溶液可以缓冲；但叶面喷施的液肥将直接接触国兰叶面，浓度大了就会产生"烧苗"肥害。使用浓度要按说明，不要随意提高浓度，以防适得其反。像"三十烷醇""爱多收"等，加大浓度反而会抑制兰株的生长。二是要针对兰株在各个生长时期所需要的养分而选用相应的肥料，或者是依兰株的长势所表现出缺某元素的指征来针对性补给。如新芽生长期需以氮肥为主，同时配以钾肥；新苗成熟时要增补钾肥，确保植株苗壮成长；孕花期需补磷肥等。三是肥料混合并交替使用，会使肥效发挥充分，营养更全面。一般叶面肥商品，在各类肥料的安排上已经做出了合理配比，不需要再混合。但不要老用一种品牌，应与其他品牌的肥料交替使用，这样可以避免因偏施某一品牌的肥料而造成兰株养分不足。四是喷施时间一般在晴天的 10 时前或 16 时后，太阳光照射不到叶面时，喷施后能在 1 小时内干爽为好。这样施用既易吸收，又可避免光照造成肥效降低或药害。五是喷施应注意将肥料喷向叶背。除了把喷枪伸入叶丛内、喷嘴朝上进行喷施外，雾点要细，压力要足。施量不宜过多，以叶片不滴水为度。施肥后的第二天早上需喷 1 次水，洗去兰叶上残留的肥料，以免肥料残渣淤积叶尖，太阳光照射后引起肥害。

③补施气肥。人工补施气体肥料主要是向塑料大棚里补充二氧化碳气体，主要方法如下。一是取一个非金属容器，盛 100~120 克水，倒入 30~40 克 98% 浓度的工业硫酸，搅拌均匀，然后加入 50~70 克碳酸氢铵，混合液的化学反应即可产生所需的二氧化碳气体。反应后的液体可留作液肥稀释用。二是取一个非金属容器，盛入 120~150 克水，缓倒入 20~30 克浓盐酸，搅拌均匀后，再倒入 40~60 克生石灰粉，经反应也可产生所需的二氧化碳气体。三是购买一台"二氧化碳发生器"，定期向温室或塑料大棚内施用二氧化碳气体。

（2）注意事项。

①看苗施肥。"清兰花、浊茉莉"，国兰一年中生长量小，不需过

多的肥。国兰种类不同，需肥量也不同，如蕙兰需肥量大；而春兰需肥量小，只要蕙兰的 1/5 就行。国兰苗情不同，需肥情况也不同，长势茂盛又无病虫害的兰株可施肥；因缺肥而叶色淡绿薄软的兰株应施肥；生长不良有病害的弱苗不宜施肥或减少肥量；新栽兰苗不可施根肥；因施肥过量叶色深绿而成黑斑、叶尖发焦者应停止施肥；花期不可施肥；花后应在半休眠结束时补施花后肥。在国兰生长早期氮肥多一点，生长中期钾肥多一点，而生长后期磷肥多一点。国兰根系短粗说明肥量过多，根系发黑说明已有肥害，根系瘦长说明肥料不足，根系多而细说明肥料严重不足。例如，兰叶质薄色淡说明缺肥，兰叶质厚色绿说明不缺肥；施肥后叶色浓绿，说明肥已奏效；叶色不变，说明肥料太淡，要增加浓度。新种的国兰若伤根严重，则 1 年内不用施肥，老盆口在春季萌芽前在盆面撒一点缓释肥，初秋再撒 1 次即可，尤其是不要对刚种下的伤根严重的兰花施液肥，否则会严重影响伤口愈合。

国兰不同生长期对肥料的需求也不同，综合来看，国兰在不同生长期的施肥可分为以下几类。

催苏肥。主要作用是打破休眠，促进早发芽，以赢得更长的生长期。当早春白天气温达 15℃以上，夜间气温不低于 5℃时便可施用。可浇施 0.2% 硫酸钾复合肥液，并酌量加腐熟人尿等氮肥 1 次。叶面喷施"施达"500 倍液，或美国产"花宝 4 号"1000~1500 倍液，或间喷"三十烷醇"1500~2000 倍液。每隔 3~5 天 1 次，连续喷 2~3 次。

催芽肥。是为促进早发芽、多发芽，并为赢得早秋有效芽而施用的。施催苏肥后的 7~10 天便可施用。以氮肥根施为主，既可单独施用，也可与催苏肥交替施用。每隔 7 天左右施 500 倍液四川产华奕牌"兰菌王"，续喷 2~3 次。也可加入"三十烷醇"2000 倍液、福建产"高产灵"或美国产"高乐"1000 倍液浇施，续浇 2~3 次。叶面喷施美国产"花宝 4 号"1500 倍液，或间喷德国产"植物动力 2003"1000 倍液，或尿素 1000 倍液。每 4~7 天喷 1 次，续喷 2~3 次。

催花芽肥。当叶芽伸出盆面 3~5 厘米长时，便有一个暂停伸长期（约20天）。此时，新芽逐渐长根，争取自供自给；其母株停止对新芽的给养，进入生殖生长；花原基开始发育，分化花芽。此时，不论是长根还是分化花芽，都需有较多的磷、钾、硼元素。可叶面喷施1000倍液磷酸二氢钾、硼砂，每隔3天1次，连喷3次。

促根肥。当兰株进入暂停生长期时，会逐渐长出新根，需要摄入较多的氮、磷、钾元素以促进新根快速生长。不论是下山苗还是家养苗，也不论是病弱苗还是分株换盆苗，都有可能因为某种原因而导致根系稀少，从而需要促根的情况。所以此时施用的肥料称为促根肥。但由于新上盆的兰苗根系创口尚未结痂，施肥易溃烂创口导致新的烂根，故一般不宜根施有机肥料，多采用施叶面肥或根施生物菌肥的办法。一般选用"兰菌王"500倍液与"三十烷醇"2000倍液混合浇施，每周1次，续浇2~3次；或选用"植物动力2003"1000~1200倍液喷施，3~5天1次，连喷3次以上。

助长肥。是为满足兰株新芽快发育、快成长、快成熟，并能在夏末秋初第二次萌芽，赢得第二茬芽早发、早成熟之需要而施用的肥，是一年中施用肥料时间最长、次数最多的一种。一定要掌握"宁淡勿浓"和间隔时间不过密的施肥原则。助长肥应力求肥料三要素相对平衡，以有机肥、无机肥、生物菌肥交替使用，根施、叶面施交替进行为好。但兰株生长期相对需氮素较多些，氮素的比例可提高总肥量的1/10左右。其他微量元素也应每季根浇1次。助长肥在叶芽的根已长至2厘米长后，每半月根施1次，每周喷施1次。

助花肥。是为促进花芽发育生长，达到莛花朵数多、花大、色艳、味香的目的而施用的。大约在花期前30天或花芽刚萌出时追施。此时施用一般的肥料吸收慢，会影响效果。可选用磷酸二氢钾1000倍液，或"益多液体肥"1500~2000倍液，或"喜硕"6000倍液，交替施用，每隔5天1次，续施2~3次。根外喷施"花宝3号"1500倍液，或磷酸二氢钾1000倍液，每3天喷1次，连喷2~3次。

坐月肥。兰株开花犹如妇女分娩，营养消耗较多，花谢之后应及时给予营养补充才不至于影响越冬和翌年的发芽与开花。但在开花期不能施肥，花蕾对肥分的吸收能力强同时承受能力却很弱，当花蕾露出盆面后，再施肥会刺激营养生长而抑制生殖生长，导致花蕾发育不良，花瓣不舒展，花朵早谢。坐月肥一定要等到花谢之后，即浇施0.15% 硫酸钾复合肥与腐熟有机液 200 倍液 1 次。叶面喷施"植物健生素"1000 倍液或复合微量元素等叶面肥，每隔 3~5 天 1 次，续喷2~3 次。

抗寒肥。在兰株越冬前 30 天停施氮肥，多施磷钾肥，因为磷素能使株体细胞的冰点降低，钾素能使株体的纤维素增加，促使茎叶皮层坚韧，以利越冬。在冬寒来临前约 30 天就应绝对停施氮肥，并根浇磷酸二氢钾 1000 倍液，7 天 1 次，续浇 3~4 次；叶面喷施"花宝 3号"1500 倍液，5 天 1 次，续喷 3~4 次。

陪嫁肥。是指在换盆分株前的 10~15 天，施 1 次三要素相对平衡的肥料，以利于换盆分株上盆后服盆和提高分株后的成活率。一般选用 0.2% 硫酸钾复合肥溶液浇施 1 次；叶面喷施"花宝 2 号"1500 倍液 1 次。1 周后，喷施磷酸二氢钾 1000 倍液 1 次。

②看植料施肥。栽培基质不同需要的肥料也不同，如果栽培植料是火山石、仙土等硬质材料，因其本身不含肥分，故要多施肥；而用腐殖质等作植料，因本身具有肥分，故无需多施肥，需肥量较小。

目前在城市养兰者中，采用颗粒植料种植兰花已成为相当普遍的现象。颗粒植料疏水通气，十分有利于盆中兰根的生长，若水、肥、光照等控制得好，兰根长得长而旺，老根不易空枯，加上高效复合肥的使用，兰苗生长旺盛，兰叶能长得很长。然而，颗粒植料本身基本不含有机质，在种植过程中需适当补充才能保证兰苗健康生长。而城市家庭环境又使制作和使用有机肥不太方便，于是人们大多喜欢采用方便易用又干净卫生的化学肥料，如"花宝""魔肥"等。遗憾的是，化肥养兰开出的花往往外三瓣稍嫌偏长，瓣肉厚度稍感不足，尤其是香气偏淡。因为瓣型花兰叶过长，花瓣也很有可能放长，加上单一化肥的使用会使兰花缺乏某些必需元素，从而造成其花瓣变薄和花香不足。

所以，应当在栽培方法上做一些调整，一是尽量减少植料中无机颗粒的使用，增加有机土壤的含量，如与仙土混合时，无机颗粒最多不应超过1/3。二是在施用肥料时应多用有机肥料，同时加入适量的腐殖酸成分，以利于兰花吸收。三是植料的颗粒不宜太大，以利于增加兰根与土壤颗粒的接触面和有利于有益菌群能在适宜的环境下分解有机质，利于兰根吸收。四是花蕾出土后应尽量减少施肥，特别是减少含氮肥料的施用，尽量不要采用叶面喷肥的方法，以利于花朵保持其原有的性状。

兰盆的栽培基质干燥时，不要立即浇施肥料。因为基质干燥，兰根也干燥。肉质兰根干燥时，吸水肥也快，这时浇施肥料会因植料吸水而使肥液浓度加大，容易对兰根产生肥害。尤其是气温较高（近30℃）的时候，更易产生肥害。为了避免因浇肥火候不当而引起的肥害，应先浇水润湿干燥的植料，待翌日再浇肥。

兰盆的栽培基质含水量大时，也不宜浇施肥料。因为基质含水多，空气含量就小，兰根呼吸不畅；基质中的好气微生物的活动也受阻，分解有机质的能力因此而下降。而兰根吸收肥料主要是以离子交换吸附的形式进行，当兰根呼吸作用弱时，兰根周围用于交换肥料离子的等价离子就少，同时微生物分解有机质产生的无机物也在减少。所以，植料水分大时不宜施肥，应当等到栽培基质润而不燥时施肥，才是最佳时机。

③看肥施肥。肥料三要素要科学搭配，单施氮肥缺少磷钾，兰株徒长，叶质柔软，易感染病虫害；而偏施磷钾肥缺少氮肥，兰株生长矮小，叶色黄绿硬直，缺少光泽，新芽少植株容易老化，因此要处理好三要素的关系，不能偏施哪一种肥料。一般说来，以有机肥、无机肥、生物菌肥交替使用为佳。施用时还要注意肥料的浓度。

有机肥的施用浓度。沤制液肥以150~200倍液为宜，即1千克沤制肥原液兑水150~200千克；商品有机液肥浓度一般最高不可超过600倍液，低的可有6000~10000倍液，中高浓度为1000~2000倍液；生物菌肥虽然不易产生肥害，但浓度过大会不利于吸收，浓度太低效果又不明显，故应该按说明使用，一般在500~1000倍液。

化肥的施用浓度。无机化肥肥效迅速、刺激性大，易产生肥害，也易改变基质的酸碱度，使土壤板结，故使用浓度宜低而不宜高。一般以 0.1%~0.2% 的浓度为宜，最高也不能超过 0.3% 的浓度。

④看天施肥。施肥应选择晴天温度适宜时进行。气温在 16~25℃，又有自然光照时，最适合于施肥。兰花在这时生理活动旺盛，光合作用强，吸收快，利用率高、效果佳。

低温天不宜施肥。一方面，气温低于 15℃ 时，兰株处于半休眠状态，兰根基本不吸收肥料，这时施肥会增大基质中的肥料浓度，易产生肥害；另一方面，低温时水分蒸发慢，基质长期含水量过大也不利于兰根的呼吸而易导致水渍害，如是久未浇肥，可以在叶面喷施肥料。

气温高于 30℃ 的大热天不宜浇肥。因为在高温天气，水分蒸发的速度远远大于根系吸收肥料、水分的速度，这会使基质中残留的肥料浓度增加，不仅有害于即时的生长，还增加了下一个施肥周期基质中的肥料浓度，极易产生肥害。在这样的天气改为低浓度根外喷施为妥。

阴雨天也不宜浇肥。阴雨天空气湿度大，水分难以蒸发。浇肥水后，一方面增大了基质的含水量，易烂根；另一方面，阴雨天温度较低，根部不易吸收肥料，没过几天又届临施肥周期，又要再施肥，增大了基质的肥料浓度，还有导致肥害产生的可能。

国兰在冬季休眠期不宜施肥。因为冬季温度低，土壤中的微生物活性弱，不能有效分解有机物，兰花的根在休眠期基本不吸收肥料。如果像生长期那样按部就班照样施肥，肥料没有被全部吸收，基质里的肥料浓度会越来越高，产生肥害。如果施了含促长激素的肥料，则会干扰国兰休眠，使之早发芽。结果不仅新芽会产生冻害，甚至连母株也会因消耗过大，降低了抗逆性而惨遭冻害。所以，休眠期不宜施肥。

2. 换盆

换盆又叫翻盆，是将小植盆换大植盆，或培养盆换观赏盆，目的是给国兰创造更好的生存环境。一般而言，栽培两年以上的基质养分大多耗尽，应适时翻盆更换植料，以供国兰生长之需。但弱苗可适当延长翻盆年限，翻盆过勤反不利于兰花的复壮。

换盆在一年四季均可，一般在花后休眠期进行为好。春季开花的国兰，在9月下旬至11月或新芽萌动以前换盆；夏、秋开花的兰花要在4月上旬至下旬进行。旧盆的介质若未松脱，可原封不动植入新盆，空隙中再补入新的植料，如此可减少根部受损，开花者花梗也不致弯曲变形。

国兰翻盆是养兰的一项重要技术，操作过程与分株上盆基本相似。翻盆前要认真做好准备工作，选择好栽植材料，所选用的植料要添加基肥，并且都应过粗孔筛，筛上面的用于盆体的下半部，筛下面的再过细孔筛，细孔筛上的用于盆体的上半部，细孔筛下的不用。准备好的植料都要进行高温或药物消毒。翻盆前兰花要停止浇水，使盆土逐渐干燥，以防脱盆时损伤兰根。在盆土充分干燥后，轻轻取出植株，除去泥土，用清水洗净根、叶，晾干，待兰根变软后用剪刀剪除烂根、断根，剪口涂上木炭粉或硫黄粉，以防病菌感染。修剪根部的剪刀应专用并进行消毒，场地应清洁，清洗兰株的水要卫生，清洗好的兰株切忌暴晒，应放在阴处晾干为好。以后的花盆垫孔、上盆、填土、浇定根水、缓苗等工作都与分株栽植相同。

### （三）修剪

国兰是多年生植物，一般常存留有过多的老叶和老假鳞茎，既影响美观，又不利于空气的流通，还容易感染病害，因此要时时注意修剪。首先，对枯黄的老叶和病叶要坚决清除；其次，凡是叶尖出现干枯变形的，以及假鳞茎干枯或出现病变霉烂的也要及时清除。至于不健康的叶片，则要根据实际情况确定，为保持一定数量的叶片，不宜剪除过多。此外，花莛和花是消耗养分的器官，要加以限制，一般留1~2个花芽即可，过多的要及时除去。如果不需要种子，花开始凋谢时即可剪去，整个花序上的花大部分凋谢时，可将花序剪除。修剪的工具要在事前用酒精、福尔马林、高锰酸钾等消毒，一般家庭用蒸煮或直接在火上烧烤也可以。若与病株接触，修剪后要马上消毒，以免

传染健康植株。

1. 怎样做好国兰的光照管理?
2. 怎样做好国兰的换盆工作?
3. 怎样做好国兰的修剪工作?

# 六、病虫害防控

国兰在生长发育过程中始终受外界环境因素的影响，除了光照、温度、水分、空气、土肥等因素以外，生物因素也时刻影响着兰花的生长。这些因素若对国兰产生不良影响，则会造成病害或虫害。

导致国兰发生病虫害的内因有：从其自身的形态特征上看，国兰的根为肉质，能与兰菌共生，易因培养基质的酸碱度不适，透气疏水性能不佳，施肥的质量、浓度、数量不当和施用不适时而导致生理性烂根，造成兰株吸收、输送功能下降，植株长势不佳，抗逆性减弱。兰株的叶鞘层叠而生，紧裹叶基，易淤积水肥，夹带病虫移居潜伏、繁衍为害；花株叶聚簇而生，叶片立斜弯垂，交错遮掩，不利于通风透光，给防治病虫害带来困难。

导致国兰发生病虫害的外界因素有：栽培过程中基质、盆具、兰场等栽培设施管理不当；水、肥、温、光、气条件没有满足国兰生长发育的要求；种苗、场地、盆钵、工具、基质没有严密消毒；光照、温度、通气调节不当；水肥施用偏高或偏低；陈列较密或空气污染等造成国兰生长条件欠佳，使兰株不能健壮生长。以上这些因素都会导致病虫害的发生。

## （一）防控总则

国兰病虫害防控应遵循"预防为主、综合防治"的原则，优先选用农业防治、物理防治、生物防治等绿色防控措施，合理、规范地使用化学农药。

### 1. 农业防治

选用适合当地栽培环境的优质、抗病、抗逆性强的品种或种源。清除兰棚周边的杂树、杂草，减少外源病菌、害虫；定期在场地撒施生石灰、石硫合剂，清洁兰园；及时销毁病株病叶，减少内源病菌、害虫。应使用堆制彻底发酵或高温灭菌等处理过的栽培基质，杀死外源病菌、害虫。加强通风换气，合理调控光、温、湿、肥、水，促进兰苗健壮生长，提高兰株抗病虫害能力。

### 2. 遵守检疫制度

引进的种苗需在检疫区过渡，确认无病后再进入生产区栽培。园内若发生病毒病，应将病株隔离，直至销毁。不得从发生兰花病毒病的兰园引种。

### 3. 物理防治

黄／蓝胶板诱杀，宜在植株上方 30~50 厘米高度悬挂黄／蓝胶板诱杀蚜虫、蓟马、蚧壳虫雄虫等，每亩挂 30~40 块。机械隔离，在棚室通风口和门口安装 40~60 目防虫网，用于隔离蚜虫、粉虱、蓟马等迁飞害虫；宜在苗床四周撒石灰，防止蜗牛、蛞蝓爬上架。人工诱捕，通过人工刷除附着在兰叶上的蚧壳虫雄虫；人工捕捉蜗牛、蛞蝓；在苗床周边放置盆栽小白菜、青菜等诱集植物，或用鲜黄瓜片、白菜叶蘸 35% 蔗糖溶液，以诱集蜗牛、蛞蝓，利于更好捕杀。

### 4. 生物防治

生物防治宜采用枯草芽孢杆菌和多黏类芽孢杆菌等生物药剂防治病害。

### 5. 药剂防治

对病虫害进行预测预报，根据病虫害发生的实际情况，选择适当的药剂进行局部或全面防治，做到用药适时、合理。在病虫发生且达到防治指标时，可选用植物源药剂，如采用茶粕、茶皂素防治蜗牛，或选用高效低毒低残留农药品种；禁止使用高毒、高残留等国家明文规定禁止使用的农药。

## （二）病害防控

国兰病害按病原的性质，可分为生理性病害和侵染性病害两大类。

生理性病害是由不良自然环境条件引起的，由于它不是寄生物侵染的结果，所以又称非侵染性病害。诊断生理性病害时，一般可根据发病情况与环境条件的关系进行分析，明确病原。生理性病害不产生病征，也不互相传染。一旦病因消失，病害就不再发展。国兰生理性病害主要有营养元素缺乏症、生理性烂芽病、基部腐烂病、叶片脱水褶皱症和其他生理性病症。

侵染性病害是由寄生物引起的一类病害。国兰侵染性病害的病原菌主要是真菌、细菌和病毒三类。国兰真菌病害主要有基腐病、炭疽病、灰霉病、黑腐病、疫病、叶斑病、白绢病、叶枯病等。国兰细菌病害主要有褐腐病、软腐病、叶腐病、花腐病等。国兰病毒病害主要有花叶病、坏死斑纹病、环斑病等。

### 1. 营养元素缺乏症

（1）缺氮。氮素是肥料三要素中植物需求量最多的营养元素。兰株缺氮的症状是生长受阻，生长量大幅度下降。新株叶比老株叶短狭而质薄，分蘖少而迟，叶色淡黄少光泽；叶片起初颜色变浅，然后发黄脱落，但一般不出现坏死现象。缺绿症状总是从老叶开始，再向新叶发展。

防治方法：生长期用肥要注意氮、磷、钾三要素相对平衡。萌芽前期和展叶期略增氮素的比例。出现缺氮症状时抓紧浇施氮肥，可在使用的肥料中加入高氮有机肥，或加入碳铵等化肥。叶面可喷施"花宝5号"或按磷酸二氢钾1份、尿素2份的比例混合，稀释成800~1000倍液喷施。

（2）缺磷。兰株缺磷的症状为发芽迟，芽伸长慢，发根更慢。叶片呈暗绿色，叶缘常微反卷，茎和叶脉有时变成紫色。植株矮小，花芽分化少，开花迟。严重缺磷时，国兰各部位还会出现坏死区。由于磷在植物体内移动能力很强，能从老叶迅速转移到幼芽和分生组织，因此缺磷症状首先表现在老叶上。

防治方法：植料混配时注意氮、磷、钾三要素的相对平衡；平时施肥不要偏施某一元素的化肥。兰苗上盆时，用过磷酸钙和饼肥做基肥，把兰根在基肥上浸蘸一下再入盆。出现症状时浇施2%～3%的过磷酸钙浸出液，或磷酸二氢钾800倍液，每隔7～10天1次，续喷2次。最好适量撒施骨粉以巩固。叶面喷施磷酸二氢钾800倍液，每隔3～5天1次，连喷3次。

（3）缺钾。兰株缺钾素的症状为茎干生长量减弱，抗病性降低。叶缘和叶尖发黄，进而转为褐色，出现斑驳的缺绿区；叶主侧脉偏细；叶质柔软，易弯垂；严重时叶片卷曲，最后发黑枯焦；由于钾在植物体内具有高度的移动性，兰花缺钾首先表现在老叶上，逐渐向幼嫩叶扩展。若遇强光或低温，新叶就呈现微脱水状。

防治方法：平时施肥注意氮、磷、钾三要素相对平衡，不要多次偏施某一元素；在兰株缺氮重点施氮素2～3次后，要立即恢复到三要素平衡上来。根浇0.5%～1%硫酸钾溶液，或盆面撒施芦苇草炭。叶面喷施爱施牌"高钾型叶面肥"500～1000倍液或磷酸钾800倍液。

（4）缺镁。兰株缺镁的症状为叶脉间缺绿，有时出现红、橙等鲜艳的色泽，老株叶发黄；中年株叶的叶尖和叶缘呈黄色，且向叶面卷曲，严重时出现小面积坏死；新株叶色欠绿。

防治方法：叶面喷施0.1%～0.2%硫酸镁溶液，每隔3～5天1次，连喷2～3次。

（5）缺锰。兰株缺锰的症状为叶片出现日灼样斑纹，常常斑中有斑；叶脉之间的叶肉组织缺绿，严重的发生焦灼现象。老株叶易早枯落。一般中性壤土、石灰性壤土和沙质土较易出现缺锰症状。

防治方法：在叶面施肥时加入0.3%硫酸锰溶液，或单独喷施2～3次。

（6）缺钙。兰株缺钙的症状为叶尖呈钩形，有的向叶面勾卷，也有的向叶背勾卷。由于钙在植物体内的移动性很差，因此国兰缺钙的症状首先表现在新叶上，典型症状是幼叶的叶尖和叶缘坏死，然后是芽的坏死，根尖也会停止生长、变色，生长点死亡。此症发生的原因是土壤酸性较大，引起钙元素固定，造成兰株吸收困难。长期只施酸性肥料也会出现这种情况。

防治方法：浇施1次1%石灰溶液，或撒施骨粉。

（7）缺锌。兰株缺锌的症状为叶片严重畸形，老叶缺绿，底部叶片中段呈现铁锈样斑，并逐渐向叶基和叶尖扩展；新株的叶柄环明显比老株的叶柄环低，叶片较正常叶要小。

防治方法：用0.1%硫酸锌溶液喷施叶片，每隔3~5天1次，连喷2次。

（8）缺铁。兰株缺铁的症状是缺绿，由于铁在植物体内不能移动，故缺铁首先表现为幼叶的叶肉变黄甚至变白，但中部叶脉仍能保持绿色，一般没有生长受抑制或坏死现象。碱性土壤或石灰性钙质土，以及土壤透气不良都容易产生铁元素固定，使兰花难以吸收铁元素。

防治方法：注意疏松土壤，增加植料透气度以利于好气微生物活动。在栽培植料中加入适量的铁片或铁屑。用0.5%硫酸亚铁溶液喷施叶片，每隔3~5天1次，连喷2次。

（9）缺铜。兰株缺铜的症状为叶尖失绿，逐渐转现灰白色，并向全叶扩展，最终生长停滞。

防治方法：用0.1%硫酸铜溶液喷施叶片，每隔7天1次；或结合预防真菌病害，喷施1次铜制剂杀菌剂。

（10）缺硼。兰株缺硼的症状为叶片变厚和叶色变深，幼叶基部受伤，叶柄环处极脆易断。莲花朵数明显减少，花蕾绽放慢，开而无神。花期明显缩短。常未凋谢就掉落，根系不发达。

防治方法：用0.3%硼砂或硼酸溶液喷施叶片，每周1次，连喷2~3次。

（11）缺钼。兰株缺钼的症状为没有新梢明显矮化；老叶失绿，以致枯黄、蔫至坏死。

防治方法：用 0.1% 钼酸铵溶液喷施于叶面，每隔 3 天 1 次，连喷 3 次。

### 2. 生理性烂芽病

生理性烂芽的主要症状是在没有病原物浸染的情况下，兰株上原来饱满的新芽，逐渐枯萎变色，最后腐烂。兰株生理性烂芽病的形成原因是水肥药液渍害和外力伤害，如浇施水肥药后，因肥药浓度过高或遇光照不足、气温较低、通风不够，药液水分蒸发慢，淤织于叶鞘紧裹的新株叶心中而渍伤兰芽；或在采集、分株换盆、运输装卸、种植、剪除花莛、剔除败叶、鉴别品种等操作过程中，不慎误伤兰芽，增加了兰芽溃烂的可能性。

防治方法：兰场设置挡雨设施，以防雨水积聚，造成兰根周围渍水；合理施肥、打药、避免水肥药液浇至芽株心部，同时注意浓度配比适当；每次浇施水、肥、药后，打开门窗，加强通风，让兰株上的水分尽快散失。此外，要小心操作，防止兰芽受到伤害。

### 3. 基部腐烂病

兰株基部腐烂的原因与生理性烂芽相似。除了采取与防治生理性烂芽同样的措施之外，还要注意以下两点。一是发现病株及时连根剔除、销毁，以防病情扩散。再用 1000~2000 倍液氯霉素淋施邻近盆兰，全面喷施所有兰株，每日或隔日施药 1 次，连施 2 次。二是施用肥料要力求氮、磷、钾三要素相对平衡，不要偏施氮肥。生长期适当多施氮肥有利于叶片宽阔肥厚，加快生长。但过量偏施会导致叶片柔嫩，抗逆性减弱，易产生病害。

### 4. 叶片脱水褶皱症

兰叶脱水出现褶皱，大多是由霜冻、高温、干旱、水渍、缺素和肥药害等生理性病害所致。兰株在干旱、水渍时最容易发生叶片脱水褶皱症；在受到霜冻、高温、肥药害时受害面积最大；缺素仅是个别现象，不会大面积发生。叶片脱水褶皱症的防治方法要根据具体情况，分别对待。

一般因干旱而使叶片脱水皱褶的，只要渐渐增加浇水和喷雾，大多可在短时间内纠正；高温害、水渍害、缺素害和肥药害经及时抢救、改善生态条件和促根，大部分也可救活；如果遭受冻害，只有将叶片全部剪去，采用"捂老头"的方法，利用尚有生命活力的假鳞茎上的新芽重新萌发。

5. 其他生理性病症

（1）根尖腐烂。发病的原因主要有三点：根尖长久接触栽培植料中的积水，植料通风不良，兰根呼吸不畅；移栽时兰株动摇使兰株根尖擦伤；油、烟、汗湿触及根尖使之受到伤害。

防治方法：在换盆、种株时，不要触及根尖，植后保持排水通风良好。

（2）生长点呈干性。发病原因：栽植过浅，使生长点暴露在培养土外，遭受到风吹日晒；假鳞茎入土太深，植料积水、不通风，导致生长点腐烂。

防治方法：栽植时注意深度。

（3）芽生锈斑。发病原因：当芽开叶时，芽心积水，又经日晒；气温高时，在高温下给国兰浇水。

防治方法：注意浇水方式和浇水时间。

（4）芽苞株茎枯干。发病原因：天气闷热，通风不良，浇水把苞叶闷热；培养土过湿使苞叶呈黑烂状，或培养土久未更换而被病菌感染。

防治方法：注意浇水方式和浇水时间，及时换盆更新栽培植料。

（5）假鳞茎皱缩。发病原因：浇水不足或长期低温；被强烈阳光灼焦。

防治方法：注意及时浇水、遮阴。

（6）花苞变黄或苞口不展开。发病原因：湿差太大，花苞变黄再变褐色；湿度太低，花苞黏合不易展开；变质花苞，由遗传因素或不明生理因素所致。

防治方法：控制空气湿度。

（7）花蕾不生长。发病原因：遗传因素或夜间温度太高；蜜液凝固使花萼前端黏合而不能正常展开。

防治方法：控制温度。

### 6.茎腐病

茎腐病，又称枯萎病（见图3.54），主要为害国兰的茎，通常先为害成熟的国兰叶鞘与叶片靠近基部的组织，由内到外，严重时引起假鳞茎深度腐烂，继而引起叶片的萎蔫（见图3.55）。病害处及断面有时可看到呈暗褐红色。茎腐病发病期与国兰的快速生长期是一致的，即国兰生长得越快，茎腐病也会暴发得越快，这同国兰生长所需的最佳温度和茎腐病暴发的最佳温度相同有关。有时候独苗发，有时候春夏发，有时候秋冬发（冬天极少发），而且发病多数都是从大草、壮草和新草开始，少数从老草和小草开始。

图3.54　兰花茎腐病　　　　图3.55　兰花茎腐病整株枯死

防治方法：上盆前，兰花、兰盆和植料一定要消毒，植料要相对粗一点，兰草尽量要种得浅一点，种养环境一定要通风，盆面不要长时间过湿，尽量多用有机肥，少用或不用无机肥和化学肥料等，就能不发或少发茎腐病。选用广谱性的进口药剂70% 茎腐灵乳油1毫升兑水600克，即600倍液（用量多少可以根据自己兰花数量多少而定），每隔7~10天1次，连喷4次，然后根据情况，再每隔15~20天喷施1次进行预防。但是，以下两种情况下必须使用：4—10月的高温时段，每次浇水后第2天用药进行预防；新购进高档国兰应隔离一段时间，也应喷施该药进行杀菌，减少因国兰流动性大而传播病虫害。

### 7. 基腐病

基腐病又称黄叶病、枯萎病等，在中、高湿环境中易发病，病菌从根部侵入，通过维管束向上发展，产生毒素，引起植株枯萎死亡。

防治方法：注意通风和光照，加强植株的抵抗力；发病时应先除去病叶，再用75%百菌清可湿性粉剂600倍液，或65%代森铵可湿性粉剂500~700倍液喷俩或浸泡，也可用1%波尔多液、70%甲基托布津可湿性粉剂1000倍液喷施防治。

### 8. 炭疽病

炭疽病主要为害叶片，也可为害花朵（见图3.56）。该病菌多在叶片中段，发病初时，在叶面上出现若干湿性红褐色或黑褐色小脓疱状点，其斑点的周边有褪绿黄色晕。扩大后呈长椭圆形或长条形斑，边缘黑褐色，里面黄褐色，并有暗色斑点汇聚成带环状的斑纹。有时聚生成若干带，当黑色病斑发展时，周围组织变成黄色或灰绿色，而且下陷。由于中期斑色黑褐，故也称为黑斑病或黑褐病。梅雨季节发病尤为严重，叶面喷水或浇水也会加重病害发生。甚至兰株放置过

图3.56 兰花炭疽病

密，叶片发生交叉也易传染病害；过量施用氮肥，也易引起病菌侵染发病。该病原在生长期内可不断重复侵染，6—9月为发病的高峰期。夏秋酷热，病害消退。高湿闷热，天气忽晴忽雨，通风不良，花盆积水，株丛过密，摩擦损伤，介壳虫为害严重等因素均会加重病情的发

生蔓延。但品种间的抗病性有差异。墨兰炭疽病兰中的"铁梗素""蒲兰"等比较抗病；春兰、寒兰、蕙兰、建兰中的"大头素"易感病，春兰中的"大富贵"最易感病。

防治方法：加强栽培管理，彻底清除感病叶片，剪去轻病叶的病斑。冬季清除地面落叶，集中烧毁。兰室要通风透光，落地盆栽要有遮阴棚，防止疾风暴雨，放置不宜过密。发病前用 65% 代森锌可湿性粉剂 600~800 倍液，或 75% 百菌清可湿性粉剂 800 倍液，或 75% 百菌清可湿性粉剂 800 倍液加 0.2% 浓度的洗衣粉喷施预防。发病初期喷洒 25% 溴菌腈可湿性粉剂 500 倍液，或 36% 甲基硫菌灵悬浮剂 600 倍液，25% 苯菌灵乳油 800 倍液，每隔约 10 天 1 次，连续防治 2~3 次。发病时剪去受感染的器官，并用 50% 多菌灵可湿性粉剂 800 倍液、75% 甲基托布津可湿性粉剂 1000 倍液喷洒。最好将非内吸性杀菌剂与内吸性杀菌剂混合施用，或交替施用。

### 9. 灰霉病

灰霉病又称花腐病，一般在花上发病（见图 3.57）。主要为害花器、萼片、花瓣、花梗，有时也为害叶片和茎。发病初期出现小型半

图3.57 兰花灰霉病

透明水渍状斑，随后病斑变成褐色，有时病斑四周还有白色或淡粉色的圈。当花朵开始凋谢时，病斑增加很快，花瓣变黑褐色腐烂。湿度大时，从腐烂的花朵上长出绒毛状、鼠灰色的分生孢子梗和分生孢子，花梗和花茎染病，早期出现水渍状小点，渐扩展成圆至长椭圆形病斑，黑褐色，略下陷。病斑扩大至绕茎一周时，花朵即死。为害叶片时，叶尖焦枯。

防治方法：合理调控环境的温湿度，尤其在早春、初冬低温高湿季节，花房或居室要注意加温和通风，防止湿气滞留；浇水时不要溅到花上，淋浇在白天进行，以使植株特别是花朵上的水分尽快蒸发。发病时剪去重病花朵或其他病部并销毁。发病初期喷洒50%速克灵可湿性粉剂1500倍液，或50%扑海因、50%农利灵可湿性粉剂1000倍液，或50%苯菌灵可湿性粉剂1000倍液，或65%抗霉威可湿性粉剂1500倍液，每隔约10天1次，连续防治2~3次。注意轮换交替或复配用药。大棚栽培还可采用烟雾法或粉尘液施药。采用烟雾法时可10%速克灵烟剂，熏3~4小时，粉尘法于傍晚喷洒10%灭克粉尘剂或10%杀霉灵粉尘剂，每次1000平方米喷洒500克左右。

### 10. 黑腐病

黑腐病又称冠腐病、猝倒病、心腐病，可为害多种国兰的小苗、叶、假鳞茎、根等，其中以心叶发生最多。该病害多数是从新株的中心叶背开始，被感染时，通常先在叶片上出现细小的、有黄色边缘的紫褐色湿斑，并逐渐变为水渍状扩大，密连成片，较大和较老的病斑中央变成黑褐色或黑色，用力挤压还会渗出水分，随后叶片变软发黑，不久腐烂脱落。如不及时剪除病叶并施药，病菌将扩染叶鞘、鳞茎及根部，乃至整簇、全盆兰株烂枯。除此之外，病原菌也能侵入根部和根状茎，然后向上扩散至假鳞茎及叶片基部，从而造成全株变黑枯死。它通过已发生污染的栽培介质、肥料与流水等传播，特别是在高温高湿的环境中，病原菌扩散极快，为害较重。

防治方法：在栽培过程中，保持通风，避免潮湿，预防黑腐病发生；一经发现，立即剪除病株叶，并淋施药剂。发病时切除感染部位或器官，加以烧毁或深埋；病斑已密连成片的，说明病菌已向下扩散。应起苗消毒，重新上盆，并对陈列病株之场地淋药消毒。定期使用50%福美双可湿性粉剂100~150倍液，或用75%百菌清可湿性粉剂800倍液加0.2%浓度的洗衣粉，或用80%代森锰锌可湿性粉剂600~800倍液喷施叶面进行预防。发病时采用0.1%~0.2%的硫酸铜，或50%克菌丹可湿性粉剂400~500倍液，或1%波尔多液，或64%卡霉通可湿性粉剂700倍液，或10%世高水分散粒剂2000倍液喷洒。效果较好的治疗药剂是医用氯霉素1000倍液，淋洒透全盆并喷施，每隔1~2天1次，连施2次。

### 11. 疫病

疫病以侵害幼苗为主，但也侵害所有年龄阶段的植株。新苗受害初期为深褐色，严重时变黑腐烂，约1周枯死，整株苗可拔出。老苗受害时早期基部呈褐色，稍后变黑干枯。疫病的症状与软腐病的症状很相似，一般较难区分。

防治方法：切除感染部位或器官，加以烧毁或深埋。养兰场所保持通风，避免潮湿，阻止病害扩散。凡用过的工具都要进行消毒，尽量不要用手接触有病兰株，一旦触及就要洗手消毒；进入有病兰株的兰棚后，也要更衣、洗手、消毒，避免病情扩散。定期用50%福美双可湿性粉剂100~150倍液喷洒预防。发病时用含铜杀菌剂，如0.1%~0.2%硫酸铜液喷洒；或用50%克菌丹可湿性粉剂400~500倍液，或80%乙磷铝可湿性粉剂400~600倍液，或1%波尔多液喷洒。

### 12. 叶斑病

为害国兰的叶斑病有多种，其中以拟盘多毛孢叶斑病、散斑壳叶斑病及叶点霉叶斑病较为普遍。

（1）拟盘多毛孢叶斑病。嫩叶和老叶均受害，但以老叶上常见。病斑多发生在叶尖和叶缘附近。在叶尖处，病斑呈三角形或菱形；在叶缘处，病斑近长方形、半长椭圆形或不规则形，病斑纵向发展无阻，但横向发展受到中脉限制，故单个病斑可长达叶片的3/4，而宽可达叶宽的1/2。病斑褐色，中央呈淡褐至灰白色，后期病部散生许多小黑点。

（2）散斑壳叶斑病。病斑为不规则形，中央灰白色，边缘褐色。受害植株先是在叶面出现圆形或不规则的黄色区，下表面则有相似色泽的小病斑，然后变为暗褐色。

（3）叶点霉叶斑病。叶斑红褐色，边缘暗紫色圆形或不规则形，叶斑面积可长达数厘米。后期在病斑上集生许多小黑粒。

防治方法：冬季清理兰场，剪除病枯叶，喷1次波美1~3度石硫合剂，或50%多菌灵可湿性粉剂1000倍液。因为三种叶斑病的病原菌都是以菌丝体、分生孢子器或子囊壳在病部上越冬并成为翌年病害的初次侵染来源。注意保持养兰场地通风，病害发生时先除去病叶，再喷施1%波尔多液，或50%多菌灵可湿性粉剂1000倍液，或50%托布津可湿性粉剂800倍液，或75%百菌清可湿性粉剂800~1000倍液。

### 13. 白绢病

白绢病又称霉菌病、基腐病、白丝病，它为害国兰时表现为土壤表面、兰茎颈部和根基处密布白色菌丝，形如白绢。多发生于高温多雨季节，在春夏之交的梅雨季节，秋雨连绵时发生尤为严重。该病主要为害国兰的根部及茎基部分。植株受感染时先在茎基部出现黄色至淡褐色的水渍状病斑，随后叶片蔫、茎秆呈褐色腐烂，容易折断。严重时兰花假鳞茎也会被侵染，在病部产生白色绢丝状菌丝，呈辐射状延伸，并在根际土表蔓延。发病后期，菌丝体常交织形成初为白色，后渐变为黄色，最终呈褐色的圆形、菜籽状菌核。受害株的叶片先呈黄色，后枯萎死亡，继而迅速出现根与假鳞茎的衰萎与腐烂。如果向上蔓延，茎会出现坏蚀槽，接着腐烂，从而导致全株死亡。

防治方法：在病穴周围适当撒施生石灰，控制病菌蔓延，或者用1：500的百菌清和1：1：100的波尔多液喷洒叶面及灌根；也可单用1：100的石灰水直接灌在病根及病根周围土壤中；还可用70%甲基托布津可湿性粉剂800倍液在高温多雨季节喷洒土壤，以预防该病。在基质中拌入适量的草木灰，或在盆面略撒施芦苇草炭。也可在4—

5月，向盆栽植料浇施1%的石灰水，以此来改变基质酸碱度，抑制其繁衍为害。一旦发病，立即剪去病茎，并将兰株浸于1%的硫酸铜溶液中消毒，盆土用0.2%的五氯硝基苯，或50%多菌灵可湿性粉剂进行消毒，也可用50%的代森锌可湿性粉剂500~1000倍液，或50%多菌灵可湿性粉剂1000倍液喷洒根际土壤，控制病害蔓延。在假鳞茎周围有白绢出现而假鳞茎未腐烂时，立即将兰株拔出，去掉根部带菌的植料，用流水清洗整个兰株，再用洗衣粉擦涂病株的根部、叶基、假鳞茎等处，稍过几分钟后再用清水冲洗，晾干后再种植到无菌的新植料中。发病后喷50%苯来特可湿性粉剂1000倍，每隔7~10天1次，连喷2~3次，防治效果良好。也可在阴雨或降雨前后喷药防治，可采用50%速克灵粉剂500倍液，或50%农利灵可湿性粉剂500倍液，或64%杀毒矾可湿性粉剂500~600倍液，喷施株茎、叶片、盆面，防治效果显著。

### 14. 叶枯病

叶枯病又称圆斑病（见图3.58）。为害兰花叶片不同部位，一般从叶尖或叶片前端开始发病，发病初期在叶尖上发生褐色小斑点，然后斑点扩大为灰褐色的病斑，中间呈灰褐色，并有小黑点，严重时相邻病斑融合成大病斑，最后叶尖枯死。有时是叶片中部受害，病斑面积较大，呈圆形或椭圆形，中央灰褐色，边缘有黄绿色晕圈，严重时整片叶枯死脱落。

图3.58　兰花叶枯病

防治方法：冬季清除兰株上的病残枯叶，注意防冻。发病初期时及时摘去病叶，并喷洒75%

百菌清可湿性粉剂 600 倍液，或 40% 克菌丹可湿性粉剂 400 倍液，或 50% 甲基疏菌灵可湿性粉剂 500 倍液防治，每隔约 10 天 1 次，连喷 2~3 次。已发病的植株要暂停浇水并避免雨水浇淋，发现病株及时喷洒药剂，并对周围健康兰株喷施 1∶1∶100 的波尔多液，防止病情蔓延。

### 15. 褐锈病

褐锈病又称铁炮病。该病菌从叶背气孔入侵，最初在叶面缘呈现淡褐色至橙黄褐色细点斑。然后逐渐扩大，密连成片，直至叶片枯落。当病斑密连成片时，斑色逐渐转为黑色，斑缘常有黄晕。在冬季寒流袭来或早春气温刚刚回升时，如果栽培基质过湿，则该病易发生。

防治方法：发现叶缘出现病斑，及时扩剪，集中烧毁，然后喷施 80% 代森孟锌可湿性粉剂 600 倍液，每周 1 次，连喷 2~3 次。药剂治疗可采用苯醚甲环唑（世高 10% 水分散粒剂）1000 倍液，病情严重的每隔 3 天喷 1 次，并浇施 1 次。

### 16. 褐腐病

褐腐病一般为害国兰的芽或叶。受害时，兰株叶面先是出现水渍状黄色小斑点，后逐渐变为栗褐色，并有可能下陷，接着水浸处呈褐色腐烂，常会迅速扩展至连续长出的叶上，继而毁坏叶子，使其脱落，有时会为害整个植株。此病多发生于潮湿、温暖的环境中。

防治方法：兰株一旦受害，应及时除去病叶，直至只留下假鳞茎，然后用 200 毫克/升农用链霉素，或 0.5% 波尔多液喷杀，每周 1 次，连续 3~5 次。

### 17. 软腐病

软腐病又称花叶斑病，高温多湿时易引发，可通过土壤传染，也可从移植或管理作业中产生的伤口及害虫食痕处侵染，还可随雨水或浇水传播。一般表现为全株发病，多从根茎处侵染，叶片受害时，为暗绿色水浸状小斑点，迅速扩展呈黄褐色软化腐烂状。腐烂部位不时有褐色的水滴浸出，有特殊臭味，严重时，叶片迅速变黄。假鳞茎感病也会出现水渍状病斑，颜色从褐色变至黑色，最终使假鳞茎变得柔软、皱缩和暗色，迅速腐烂。

防治方法：植料不能太细，兰盆内要上下通透；不要当头浇水、淋水；叶面喷水后要及时通风，使其尽快干爽。兰株一旦发现病斑，立即起苗洗净，扩创病灶后用 0.5% 高锰酸钾溶液浸泡 30 分钟，然后捞出冲洗干净、晾干，再重新栽入消毒过的基质中，待基质偏干时，用 2000 倍液链霉素溶液作定根水浇根。春末夏初之后，对有病情的兰株选用 32% 克菌乳油 1500~2000 倍液，或 71% 爱力杀 1000 倍液，每隔 7~10 天 1 次，连续 2~3 次。发病初期，每 2 天喷施 1 次 2000 倍液医用链霉素溶液，连续 2 次。如果喷施链霉素不能控制病情，可改用 2000 倍液医用氯霉素针剂喷施，用法相同。

18. 叶腐病

受害的国兰初期兰叶表面的半透明的斑块，有的染病初期叶片呈黄色水渍状，最后病斑都会变为黑色、下陷。最后可导致整个叶片腐烂、脱落。此病主要通过伤感染，如碰折、虫害等。湿度过高也易诱发此病。

防治方法：及时剪除发病兰株的病叶，同时在伤口上用波尔多液涂抹。发现病株可用 0.5% 波尔多液，或 200 毫克 / 升农用链霉素，或甲基多硫磷等喷洒叶面。也可将发病兰株拔出，用 1% 高锰酸钾溶液浸泡 5 分钟，捞出后用流水清洗，然后在阳光下晒 15 分钟，利用紫外线杀菌。晾干后再种植。在病害严重或迅速蔓延时，要严格控制水分和温度，尤忌浇"当头水"。

19. 花腐病

花腐病的致病细菌既可腐生，也可寄生已被破坏的兰花组织。兰株感病后多在花上出现烂斑，包括一些小的、坏死的病斑，具有水渍状的晕圈，严重时花朵坏死，甚至引起根、茎、芽的坏死与腐烂。

防治方法：更换培养土并加以严格消毒。拔出病株，剪去受感染组织，并用 0.1% 高锰酸钾溶液浸泡感染植株，清洗晾干后重新种植于消过毒的植料中。

### 20. 花叶病

花叶病又称斑坏死病、黑条坏死病等，不同兰类种属，病征类型不同。一般病毒感染大约3周后，新芽会出现不规则的萎黄色斑点，并随着叶的长大而愈来愈明显，进而发展成褐色或灰褐色的坏死斑。病毒浸染兰花6周后，先在新生叶上出现微小且不明显的长条形褪绿区，大多局限于叶片中脉的某一边，斑点和条斑较为清晰，逐渐扩大为灰白色褪绿块，长1~2厘米，随后表现出越来明显的淡绿与深绿色相间的典型花叶症状。病株受害6个月后，较老病叶的背面会出现黑色斑点和条斑，重病株的幼嫩叶片还可能出现死斑。花叶病的病毒一般通过汁液、蚜虫和机械接触传染，将淋浇过带毒兰花后流出的水再浇灌健康的兰花盆株，能使健康兰花成为带毒花叶病株。清洗带毒兰根用过的水也能传播病毒。

防治方法：发病时及时清除、烧毁病株，在病区对花盆、泥炭、石砾等介质应进行高温消毒。分根繁殖或翻盆时，每次做完1株，手及操作工具都应用2%的福尔马林溶液和2%的氢氧化钠水溶液，或164克无水的（或377克含结晶水的）磷酸三钠加1升水的溶液进行消毒处理。兰花管理过程中要尽量减少损伤叶片，以防汁液摩擦传染。要及时杀灭蚜虫，可用40%氧化乐果乳油1500倍液或39%除虫菊酯1000倍液。

### （三）虫害防控

为害国兰的害虫很多，常见的有介壳虫、蚜虫、叶螨、蓟马、粉虱、潜叶蝇、毛虫、蜗牛、蛞蝓、线虫、蟑螂、蚂蚁等。

### 1. 介壳虫

介壳虫又名蚧虫，俗称"兰虱"，种类繁多，但都是以刺吸式口器吮吸兰花汁液为食（见图3.59）。为害兰花的介壳虫有多种，一般为害严重的有盾蚧、兰蚧、拟刺白轮蚧等。虫体细小、灰黑、乳白或黑色。长1.2~1.5毫米、宽0.25~0.5毫米。每年5—6月，由虫卵孵化而成的若虫到处爬行，若虫爬行约2天，便在兰株上固定为害，主要寄生在国兰假鳞茎上部位的茎干、叶片上，也可见于叶柄和假鳞茎基部的膜质鞘上。若虫找到生活地点时，即分泌一层蜡壳将自己固定，并用其刺吸式口器穿入国兰体内吸取汁液（见图3.60）。为害轻者在叶片上留下白斑点，使该器官变黄老化，影响兰株生长；重则成片覆盖叶面，既消耗养分，又影响兰株的光合作用，使生长发育受阻，不能正常开花，出现枯叶、落叶，直到全株死亡。同时，介壳虫侵害后的伤口极易感染病毒，介壳虫的分泌物易招致黑霉菌。介壳虫的繁殖能力强，一年可繁殖多代，且世代重叠。春夏为介壳虫的多发季节，5—9月介壳虫为害最严重。介壳虫寄生隐蔽，若虫分泌的蜡壳使一般农药不易渗入，防治比较困难，一旦发生，也不易清除干净。虫害在兰花水湿过重、闷热而又通风不良的环境下更为严重。

防治方法：注意兰场环境。由于介壳虫多在水湿过重而又通风不良时发生，故首先要保持兰圃场地通风良好，日常管理应特别注意环境通风，避免过分

图3.59　兰花介壳虫

图3.60　介壳虫幼虫为害兰花

潮湿。购买兰苗时，不要将有介壳虫的种苗带回兰圃。兰场内若有少量介壳虫发现，应将虫株与健康植株隔离。有少量介壳虫时，可用软刷轻轻刷除虫体，再用水冲洗干净。如果发生数量多且面积较大，需施用农药。抓住用药时机。以每年5月下旬至6月上旬第一代若虫孵化整齐，虫体面尚未形成蜡壳时为防治适期。可用40%乐果或氧化乐果乳油1000倍液，或50%晶体敌百虫250倍液，或80%敌敌畏乳油1000~1500倍液，或2.5%溴氰菊酯乳油2000~2500倍液等喷洒1~3次，每次间隔7~10天。介壳虫易对药物产生抗性，要掌握好农药的使用浓度和交替使用农药，喷药力求全面周到，叶面、叶背、株基、盆面等都要全面喷及。对受害严重的可采用药液浸盆法，室内少量栽培的可用药剂埋施法。埋施杀灭法不污染环境，灭虫效果也很好。

## 2. 蚜虫

蚜虫的种类有很多，一般为害蔬菜、果树、农作物的蚜虫，也常对国兰的嫩叶、叶芽、花芽、花蒂、花瓣进行为害。它们常寄生于兰株，完成交配后产卵，在叶腋及缝隙内越冬，但在温室中全年可孤雌生殖。以成蚜、若蚜为害国兰的叶、芽及花蕾等幼嫩器官，吸取大量液汁养分，致使兰株营养不良（见图3.61）；其排泄物为蜜露，会招致霉菌滋生，并诱发黑腐病和传染兰花病毒等。蚜虫繁殖迅速，一年可产生数代至数十代。

图3.61　蚜虫为害兰花

防治方法：家庭少量养兰，零星发生蚜虫时可用毛笔蘸水刷下，然后集中消灭，以防蔓延。春季蚜虫发生时，用银灰驱蚜薄膜条间隔铺设在兰圃苗床作业道上和苗床四周。还可利用蚜虫对颜色的趋性，在1块长100厘米，宽20厘米的纸板刷上黄绿色，涂上黏油诱黏。蚜虫为害面积大时，可在3—4月虫卵孵化期用40%氧化乐果乳油1000倍液，或50%杀螟松乳油1000倍液，或20%杀灭菊酯乳油2000~3000倍液，或40%水胺硫磷乳油1000~1500倍液，或50%抗蚜威可湿性粉剂1000~1500倍液等喷杀。

### 3. 叶螨

为害国兰的叶螨有多种，其中以红蜘蛛较为常见，其体小，红褐色或橘黄色。叶螨以锐利的口针吸取中片叶片中的营养，致使叶片细胞干枯、坏死（见图3.62），引起植株水分等代谢平衡失调，影响植株的正常生长发育，并且传播细菌和病毒病害。红蜘蛛在温度较高和干燥的环境中可繁殖迅速，5天就可繁殖1代，数量特多，为害严重。

图3.62 红蜘蛛为害兰花

防治方法：叶螨的雌成螨一般在国兰叶丛缝隙和枯死的假鳞茎内落叶下越冬，冬季清洁兰场，去除兰株上的枯叶可有效地减少红蜘蛛的越冬基数。在越冬雌成螨出蛰前，在小纸片上涂上黏油，放在兰株茎基部进行黏杀。保持环境通风，使环境湿度在40%以上，叶背经常喷水，控制叶螨的繁衍。由于农药难以杀死虫卵，故一般在虫卵孵化后的若虫、成虫期施药，可用40%氧化乐果乳油1000倍液，或20%四氰菊酯乳油4000倍液，每隔5~7天1次，连续2~3次。还可采用600倍液的鱼藤精加1%左右的洗衣粉溶液、73%克螨特乳油2000~3000倍液，或50%溴螨酯2000~3000倍液，或40%水胺硫磷乳油1000~1500倍液等喷杀。药物交替使用效果较好，以防抗药性种群的产生。

### 4.蓟马

蓟马食性杂、寄主广泛，已知寄主达350多种。近几年为害国兰较剧烈。蓟马虫体较小，成虫体长1.2~1.4毫米，体色淡黄至深褐色，活动隐蔽，为害初期不易发现，主要为害国兰的花序、花朵和叶片。蓟马为害叶片时以锉吸式口器吸食国兰汁液，多在心叶、嫩芽和花蕾内部群集为害，导致兰叶表面出现许多小白点或灰白色斑点，影响国兰生长，降低观赏价值。花序被为害时，生长畸形，难以正常开花或花朵色彩暗淡。

防治方法：3月上旬蓟马开始活动时即要注意喷药，5—6月新芽生长期以及花蕾期，各喷2次，每7~10天1次。蓟马生活在花蕾、叶腋内，喷药时要特别注意这些地方，周到喷施。冬季喷药还要注意土缝，以杀死越冬蓟马。喷施的药剂可选择有内吸、熏蒸作用的药物，如50%辛硫磷乳剂1200~1500倍液，或40%氧化乐果乳油1000~1500倍液等，一般1周1次，连续3~5次，喷施杀虫剂时，还可混以酸性杀菌剂和磷酸二氢钾、尿素等叶面肥，杀虫、杀菌、追肥同时进行，一举三得。

### 5.粉虱

粉虱虫体较小，成虫体长1~1.5毫米，淡黄色，全身有白色粉状蜡质物，通常群集于兰株上，在兰棚通风不良时易发生。粉虱常为害国兰的新芽、嫩叶与花蕾，为害时以刺吸口器从叶片背面插入，吸取植物组织中的汁液，传播病毒，使叶片枯黄，并常在伤口部位排泄大量蜜露，造成煤污并发生褐腐病，甚至引起整株死亡。粉虱由于繁殖力强，在温室内一年内可繁殖9~10代，并世代重叠，在短时间内可形成庞大的数量。

防治方法：清除兰场杂草枯叶，集中烧毁，消灭越冬成虫和虫卵。利用粉虱对黄色敏感，具有强烈趋性的特点，用硬纸板裁成规格为100厘米×20厘米的纸板，涂成黄色或橙黄色，然后刷上黏油，每20平方米放置一块，用来诱黏粉虱。在若虫期抓紧用药物防治。常用2.5%溴氰菊酯2500~3000倍液，或10%二氯苯醚菊酯、20%速灭杀丁2000倍液，或25%扑虱灵可湿性粉剂2000倍液，也可用40%氧化乐果、80%敌敌畏、50%马拉松乳油1000~1500倍液等，每隔7~10天喷洒1次，连续2~3次。

### 6. 小地老虎

别名黑土蚕、黑地蚕。成虫体长16~23毫米，深褐色。卵为半球形，乳白色至灰黑色。老熟幼虫体长37~47毫米，体黑褐色至黄褐色。国兰幼芽出土后，常有小地老虎于夜间蚕食幼芽、嫩叶。地老虎一年发生4代。5月上、中旬是为害盛期。管理粗放、杂草多的兰圃受害严重。土壤湿度大，杂草多，有利于幼虫取食。

防治方法：在3月中旬至4月中旬及时除草，可减少幼虫食物来源，降低成虫产卵数量。3月成虫羽化期利用黑光灯、糖浆液诱杀。对大龄的幼虫，可于每天清晨扒开被害兰株周围的表土，进行人工捕杀。将新鲜青菜叶切碎，加上炒熟的麸皮，用90%晶体敌百虫800倍液，或75%辛硫磷乳油800倍液，或20%乐果乳油300倍液等喷洒碎叶，选择晴天下午将拌过药的麸皮碎菜叶分散放于幼虫经常出没的兰圃地内，第二天清晨清除、捕捉叶下已死或未死的幼虫。或者用90%晶体敌百虫1000倍液，或75%辛硫磷乳油1000倍液，或20%乐果乳油300倍液等喷洒幼苗。

### 7. 蚂蚁

蚂蚁对国兰的为害主要表现在经常在兰盆中作巢，对国兰的根茎与叶片生长会造成伤害。

防治方法：可用80%敌敌畏乳油800倍液浇灌盆底蚁巢，或用其喷施兰株进行防治。也可选用50%晶体敌百虫乳油1000倍液浸没兰盆以杀灭。还可选用80%敌百虫可溶性粉剂，以1∶10的剂量，拌碎花生米、砂糖，制诱饵撒施于盆面诱杀。如果是场地或畦兰发现有蚂蚁爬行，要追踪其巢穴，用开水淋灌。

### 8. 蜗牛和蛞蝓

蜗牛和蛞蝓属软体动物，蜗牛有一硬质保护壳，蛞蝓无壳。这两类动物白天多藏在无光、潮湿的地方，夜间出来活动，特别是在大雨过后的凌晨或傍晚成群结队出来啃食国兰幼根、嫩叶与花朵。因其食量较大，常常一个晚上就能把整株国兰小苗吃光。蜗牛和蛞蝓爬过时，在兰株叶片会留下光亮的透明黏液线条痕迹，影响国兰的观赏价值（见图3.63）。

图3.63　小蜗牛为害兰花

防治方法：平时注意兰室内的清洁卫生，及时清除枯枝败叶，一旦发现就及时捕杀。夏季多发季节可采取药物诱杀。也可在兰株周围撒一薄层石灰或五氯酚钠消灭虫源。

### 9. 蚯蚓

蚯蚓在国兰的盆栽过程中会吞食兰株幼根，会在钻洞和来回潜动的过程中损伤兰株的幼根，造成兰株生长停滞。

防治方法：在种植前用50%辛硫磷乳油800~1000倍液淋灌植兰场地，淋灌后用塑料薄膜覆盖12小时闷杀。将油茶、油桐渣饼捣碎，在兰畦基土上密撒一层，然后填铺培养基质。也可用渣饼碎浸泡液稀释20倍，淋浇盆兰或畦地兰。

### 10. 线虫

线虫，也称蠕虫。它的体形较小，长不及1毫米。雌虫梨形，雄虫线形。线虫常寄生于兰根，致使根体形成串珠状的结节瘤凸，小者如米粒，大者如珍珠（根瘤中的白色黏状物就是虫体与虫卵）。受害之叶片，常出现黄色或褐色斑块，日渐坏死枯落；受害之叶芽，多难发育展叶；受害之花芽，往往干枯或有花蕾而不能绽放。线虫在土壤中越冬，常于高温多雨季节从兰根入侵寄生为害。

防治方法：夏季在混凝土地面上反复翻晒培养土，利用高温杀死线虫。在无日光可晒的情况下，可用高压锅高温消毒。药剂可选用40%氧化乐果乳油1000倍液，或80%二溴氯丙烷乳油200倍液浇灌盆土；还可选用3%呋喃丹颗粒剂，于盆缘处撒施3~5粒。或每50千克培养基质中拌入250克5%甲基异柳磷颗粒剂防治。

（四）叶片焦尖防控

叶尖枯焦是国兰最常见的现象。主要症状表现为兰花叶尖由赤色转褐色、再转黑色，与绿色部分的边界整齐，没有异色点斑块间杂的干焦。兰草长得虽然壮大，但是如果焦尖，仍然不能算是茁壮好草。它既降低了国兰的观赏价值，又影响了兰株的生长发育，严重时还会导致兰株的早衰和早亡。

1. 焦尖原因

引起叶片焦尖的原因很多，有的是由自然因素引起，有的是由管理不当造成，也有的是病害所致。其中，病害引起的叶片焦尖危害最严重。

（1）自然因素引起。

①环境条件不适。空气湿度偏大或偏小，温度偏高与偏低，光照过强与全无，空气流通不畅与完全闭塞，二氧化碳、钾元素不足，严重的空气污染等都会造成叶片生理功能失常而导致叶尖干焦。传统种植，寒冷季节国兰在室内，其余时间在室外。出房前后环境空气湿度变化较大（国兰在室内时空气湿度高，移至室外时空气湿度骤然下降），容易引起叶片焦尖。而长年在室内养兰，空气湿度较大，叶片焦尖情况就不严重。

②水分供应不足。叶片焦尖与水分供应密切相关，尤其是蕙兰，如水分供应不上，势必引起兰叶焦尖（见图3.64）。叶片的水分供应

不仅靠根部输送，还可以从空气中吸收。因此，国兰焦尖的原因，除植料过分干燥外，与空气湿度过低也有很大关系。如果空气湿度太低，过于干燥，兰株蒸腾作用加强，叶片水分供需失衡，则必然导致叶片焦尖。

③气候骤变。有时刚将国兰从空气湿度较高的兰房搬出室外，即遇到了严重的干旱，空气湿度极低，因而叶片焦尖情况就较为严重。有的年份梅雨季节来得虽晚，但时间却很长，达50天左右，久不见阳光的兰叶既薄

图3.64 兰花干旱根脱水后烂根

又软。刚过梅雨季节，随即遇上高温烈日，于是叶片焦尖情况愈加严重。冻害、干旱害、高温害均可导致兰根组织坏死、腐烂而出现焦叶尖。

④空气污染。兰园临近污水区、工业区，或有人在兰园附近焚烧有害物质，致使空气中弥漫有害气体，危害兰叶而引起焦尖。

（2）管理不当引起。

①光照过强。夏季疏于遮阴或遮阴力度不够，致使光照太强，造成叶片焦尖。

②长期阴养。国兰在生长过程中遮阴过度，光照过弱，长期阴养，致使兰叶质薄柔弱。这种国兰如果骤然见强光，容易引起国兰焦头缩叶。

③水害伤苗。浇水太勤，引起烂根导致叶片焦尖。阳光下喷水，水聚叶尖，经强光照射而使叶片焦尖。浇水的水质受污染，或者国兰淋了酸雨也会引起叶片焦叶。

④肥害伤叶。根系施肥时肥料浓度太大，次数太频繁，致使兰根焦黑，继而造成叶片焦尖。叶面施肥时肥液积聚叶尖引起叶片焦尖。

⑤施药过浓。农药配制有一定的比例，如果浓度超过标准，喷施

量又太多，会使叶尖受药害造成焦尖。

⑥植料问题。懒于浇水致使盆中植料太干，不能满足兰株对水分的需求，引起叶片焦尖。但如果培养基质疏水性能低下，较长时间淤积过多的水分，兰根呼吸不良，造成水渍，便会产生烂根尖至烂根，在叶片上则首先显现叶尖干焦。基质过分的偏酸或偏碱，基质疏水透气功能低下，基质成分不适宜兰根生长，基质有夹带污染等都会产生类似危害。

⑦缺素。兰株缺铁、磷等营养元素，根、茎的生长会受阻；缺钙元素，影响根尖和芽的生长点细胞分裂；缺氮、钼、硼、钾等营养元素，养分与水分的运输功能减弱，如较长时间得不到元素补给，芽、根的生长点会死亡。较长时间的缺素会导致根尖发黑直至组织坏死，地上部分便表现在对叶片的给养减弱而出现叶尖干焦。

⑧外界伤害。如叶尖长期接触盆壁或基质，则易产生擦伤与溃伤；外界力的不慎干扰和侵害，同样可导致叶片生理功能失常而出现叶尖枯焦。

由自然因素或管理不当引起的叶片焦尖，通常称为生理性焦尖。这种焦尖发生的部位通常呈黑色，且病健交界处没有黑色横纹，不会迅速向前推进，病程较为缓慢，危害程度并不大。只要找出原因，对症管理，兰叶受危害的情况是可以得到控制的。

（3）病害引起。

①炭疽病。炭疽病是国兰叶片最常见的焦尖病，比较容易识别。其显著特点是，叶尖受害干枯后有若干呈波浪状的横向黑带，焦尖叶片剪去后如不施药，仍会继续向前推进。

②褐锈病。褐锈病是兰叶病害中最为凶恶的焦尖病，较易识别。其显著特点是，病斑呈褐色，在发病初期叶片有似开水烫过的水渍状褪色斑。传染性极强，蔓延迅速，危害极大。

③叶枯病。叶枯病是较凶恶的焦尖病之一，较易识别。其显著特点是，后期叶尖变灰白色，整段枯死，病健交界处呈深褐色，且不断向前推进，甚至使整个叶片迅速干枯，危害极大。

由病害引起的叶片焦尖危害情况一般都较为严重，病健交界处通常有黑色横纹，且这一黑色横纹不断向前推进。严重者整段叶片焦枯，即使剪除还会继续焦枯，再剪再焦，直至秃头。其中，细菌引起的病斑，初期有开水烫过的水渍状褐色斑块，而真菌引起的枯尖没有黄褐色的斑块。

### 2. 防治措施

从根本上消除由病害引起的叶片焦尖，难度比较大，但只要积极对待，认真管理，综合防治，还是能取得显著效果的。

（1）慎重购草。温室苗由于长年在高温高湿的环境下生长，几乎是泡在药水里成长的，一旦移植到自然环境中种植，光照增强、空气湿度降低等原因会迅速引起叶片焦尖。

（2）剪除病叶。叶片既已焦尖，必须坚决剪掉。剪除病叶要彻底，剪口要离病斑处1厘米以上。如老株发病严重，可毫不留情地整株剪去。病叶剪下后要烧毁或深埋，千万不可将剪下的病叶留在兰园内，修剪过程中掉在地上的病叶也要捡起，以防再次成为病源。

（3）对症用药。叶片既已焦尖，一定要查明原因。如果是管理不当引起的生理性焦尖，就对症加强管理；如果是病害引起的焦尖，那就首先要区分是细菌引起的还是真菌引起的。细菌引起的疾病用噻菌铜、叶枯宁、可杀得防治；而真菌引起的疾病用施保功、吡唑醚菌酯、百菌清、世高等药剂防治。如一时难以区分是何种病害，则将杀细菌的药剂和杀真菌的药剂混合使用，也可达到事半功倍的效果。

（4）及时治疗。一旦发现病情就要及时用药治疗，千万不能有"叶片焦尖没有关系"的麻痹思想，否则会延误治疗，使病情加重。

（5）常抓预防。"防重于治"，预防工作要常抓不懈，要定期喷洒药液。预防用药要从早春开始，杀细菌、灭真菌的药要一起上，每隔7~10天1次。即使没有发现病情也要用药，防患于未然，要将病害消灭在萌芽状态。

（6）禁止喷水。一旦叶片出现由病害引起的焦尖，就必须严禁喷水。因为喷水会使叶面湿润而加速病原菌繁殖，同时喷水会使病原菌加速扩散，造成恶性传播。如叶面灰尘太多，影响国兰的光合作用和呼吸作用，可在喷水后叶面干爽时立即用可杀得和其他杀菌剂一起喷洒，以防病原菌扩散传播。

（7）加强管理。不仅兰叶的生理性焦尖与管理有关，病理性焦尖归根结底也与管理有很大的关系。因此，要在管理上多下功夫，把管理工作做好，尽量杜绝因人为引起的叶片焦尖。

（8）农药轮换。任何一种农药，使用时间长了都会产生抗药性，因此切不可长时间用一种农药防治病害。农药要经常轮换，一般每种农药连续使用3次即可调换，这样可取得较好的防治效果。

**复习思考题**

1. 什么是国兰病虫害的防控总则？
2. 怎样做好国兰生理性烂芽病的防控工作？
3. 怎样做好介壳虫的防控工作？

GUOLAN JIANSHANG

# 第四章　国兰鉴赏

　　中国传统的赏花标准是色、香、姿、韵俱佳。赏兰主要有梅瓣花、荷瓣花、水仙瓣花和素心花等以瓣形为观赏点的瓣形花鉴赏；有外蝶、蕊蝶和多瓣花等花朵发生变异的奇花鉴赏；有叶片上分布了白色、黄色、透明色线、色斑，或兰株的形态发生变异，形成线斑艺、叶蝶艺和整株艺的叶艺鉴赏。

# 一、赏兰标准

中国传统的赏花标准是色、香、姿、韵俱佳。赏兰也不例外，也就是说，赏兰一赏花色，二赏兰香，三赏兰姿，四赏兰韵。

## （一）赏花色

花色是人们赏花的最重要内容。不同人对花色有不同看法，有人喜欢浓艳，有人喜欢淡雅。前者大多喜欢色彩艳丽、花开热烈的牡丹、芍药、茶花、月季、杜鹃等，而后者则喜欢花色素净、色彩调和的梅花、兰花、菊花等。中华民族历来多喜素淡，崇尚素雅，尤其是文人雅士，他们那种高洁、清廉、淡泊的心态形成了对素净花色的特别钟爱。国兰花清秀素雅，不以"色"迷人，故被中国的文人雅士所尊崇，被誉为"空中佳人""花中君子"。

江浙一带赏兰历史悠久，形成了传统的鉴赏观念。传统的赏兰观念一直推崇素心花，喜爱绿色，认为兰蕙经绿色为佳，尤以嫩绿为第一，老绿为第二，黄绿色次之，赤绿色更次。这种传统的赏兰观念在相当长的时期内主导了整个兰界对国兰的鉴赏和评判。

20世纪80年代以来，赏兰热潮高涨，人们突破了文人雅士那种高洁、清廉、淡泊的心态，对五彩缤纷、色泽鲜艳的兰花同样喜爱和推崇，如大红、粉红、黄色、黑色、紫色、复色等都得到了认可，特别是黑色和复色，因其珍稀，还被奉为奇色、绝色。

## （二）赏兰香

花香有"浓、清、远、久"四种。如荷花的香很清，但清而不浓；夜来香的香很浓，但浓而不清；桂花的香很远，但远而不久；玫瑰的香很久，但久而不远。在香花世界中，国兰的香味"清、浓、远、久、幽、健"，历来最受人们推崇。

一是清：国兰的香味清雅醇正、清心宜人、入人心脾，令人感到身心愉快。二是浓：国兰的香气浓郁芬芳，馥郁扑鼻，但浓而不浊。三是远：国兰的香气随风送爽，清香远播。四是久：国兰的花期特长，香气源源不断，弥月不歇，沁人心脾。五是幽：国兰的香气如游丝飘空，似有若无，飘忽神秘。六是健：国兰的香气还能驱污避秽，清心健脑，滋润心灵，怡情养性。

（三）赏兰姿

姿是整体姿态，即花姿和株姿。百花丛中花叶俱美者当首推国兰。

国兰在有花时节，花莛高出叶面，有亭亭玉立、楚楚动人之美；花叶顾盼掩映，有婀娜多姿、神采飞扬之美；花叶颜色相互协调，有素色优雅、风姿绰约之美！

国兰即使在无花时节也是美丽动人的，国兰的叶常年碧绿、青翠如玉、刚柔相济、端正秀丽、随风摇曳，有说不尽的潇洒飘逸、风姿神韵。

国兰的姿态美是天然的美，是自然的美，是稳定的美，是持久的美。国兰之美不像梅花那样枝丫杂乱，是一种疏密有致的美；国兰之美不像牡丹那样妖艳，是一种清雅纯净的美；国兰之美不像荷花那样花谢叶枯，是一种四季常青的美；国兰之美不像菊花那样需要人工绑扎，是一种自然天姿之美。

（四）赏兰韵

花与叶的形姿、色泽、精神气质、风度、韵味等合而为神韵。色、香、姿是花的外表美，而神韵则是花的内在美、文化美。人们通过欣赏花的色、香、姿，激发情感，借物抒情，借物言志，进而产生联想和丰富的想象，赋予它某种崇高的象征意义，这就是神韵。神韵是花的文化内涵，赏神韵是赏花的最高境界。如牡丹象征富贵、梅花象征清高、翠竹象征隐逸、石榴象征多子、荷花象征清白等。

神韵虽由花与叶的色、香、形、品、格、姿为表象，然而其意境却在有形之外。要靠赏兰人较高的文艺修养去领悟。

在众多花卉中，国兰的韵是最神的，它的象征意义是高雅而又多方面的,可谓博大精深!作为人格象征,喻兰为无人自芳、无私奉献;作为道德借喻,喻兰为兰德斯馨、诚信自律;作为修养要求,喻兰为修道立德、自我约束……内涵十分丰富。

**复习思考题**

1. 怎样欣赏兰色?
2. 怎样欣赏兰香?
3. 怎样欣赏兰姿?

## 二、瓣形花鉴赏

瓣形花又称正格花,就是花形端正,萼片数和花瓣数不多不少,以瓣形为观赏点的兰花。主要有梅瓣花、荷瓣花、水仙瓣花和素心花。

### (一)梅瓣花

梅瓣花的基本特征:一是外三瓣短圆、椭圆或长脚圆,并要求紧边、收根或略收根,侧萼片经平肩为好;二是捧瓣瓣端雄性化、增厚、起兜,有白头、白边或白峰,常为蚕蛾捧或挖耳捧;三是唇瓣短圆、较硬、舒展而不卷,常为如意舌、小如意舌或小圆舌,上有鲜艳的品字形、元宝形、圆形或其他较规整的朱点(见图4.1)。如素心则称为素梅。

完全符合上述基本特征要求的为标准梅瓣花,

图4.1 梅瓣花

如春兰宋梅、贺神梅、蕙兰程梅、崔梅、端梅等。

梅瓣花以捧瓣雄性化程度和形态来区分，有硬捧梅瓣、半硬捧梅瓣、软捧梅瓣三种不同形态。

**1. 硬捧梅瓣**

捧瓣全部雄性化，且和蕊柱联结在一起，外三瓣短圆，唇瓣小、尖、硬，俗称"拳头梅"。如春兰翠桃。

**2. 半硬捧梅瓣**

捧瓣雄性化较强，连肩合背或分头合背，硬蚕蛾捧，外三瓣头圆，唇瓣多为龙吞舌、小如意舌或小圆舌。如春兰桂圆梅、蕙兰崔梅。

**3. 软捧梅瓣**

捧瓣雄性化适中，圆整光洁，白头明显，外三瓣头圆紧边，五瓣分窠，唇瓣多为如意舌、小圆舌。如春兰宋梅、万字。

## （二）荷瓣花

兰花整花花形直观感觉好似初放的荷花，因此荷瓣花的基本特征：一是外三瓣阔大、收根、放角、紧边、拱抱，侧萼片不拉长；二是捧瓣瓣端无增厚、不起兜、无白峰，瓣端浑圆或微尖呈钝角。以蚌壳捧、短圆捧和磬口捧为好，剪刀捧次之；三是唇瓣短、圆、正，微舒或微卷，以大圆舌、刘海舌为好，舌上朱点端正规整（见图4.2）。

完全符合上述基本特征要求的为标准荷瓣花，基本符合的为一般荷瓣花和荷形花。

图4.2　荷瓣花

## （三）水仙瓣花

水仙瓣花的基本特征：一是外三瓣长脚圆头，瓣端稍尖，侧萼片脚稍长，略拱抱、不落肩；二是捧瓣全抱端正，起兜有白边或微有白边，但雄性化程度低于梅瓣；三是唇瓣大而长，微下垂或微卷（见图4.3）。

完全符合上述基本特征要求的为标准水仙瓣，如春兰汪字。

水仙瓣除标准的水仙瓣外，还有介于水仙瓣和荷瓣、水仙瓣和梅瓣之间的兼瓣花。

图4.3　水仙瓣花

水仙瓣和梅瓣、荷瓣有时很难区分：一是兰花外三瓣形态千姿百态，有时伯仲难分；二是兰花内三瓣变化万端，有时似是而非；三是有些花瓣两种瓣形特征兼而有之（兼瓣花），难以认定；四是因气候差异、种植原因、兰株长势不同而开品不同。但只要比较一下就一目了然，可以区分（见表4.1）。

表4.1　梅瓣、荷瓣、水仙瓣特征对照表

| 瓣形 | 梅瓣 | 水仙瓣 | 荷瓣 |
|---|---|---|---|
| 外瓣 | 萼片短圆、紧边、收根 | 萼片长脚圆头、瓣端稍尖 | 萼片阔大紧边、收根放角 |
| 捧瓣 | 捧瓣雄性化强，增厚起深兜，有白边或白头。常为蚕蛾捧、观音捧 | 捧瓣雄性化较低，微增厚起浅兜，有或微有白边。常为挖耳捧、观音捧 | 捧瓣雄性化弱，无增厚，不起兜，无白头。瓣端浑圆或呈钝角。常为蚌壳捧、短圆捧、罄口捧 |
| 唇瓣 | 舌瓣短硬而不卷。常为如意舌、小如意舌或小圆舌 | 舌瓣大而长，微下垂或微卷。常为大圆舌、大铺舌 | 舌瓣短圆，微舒或微卷。常为大圆舌、刘海舌 |

### （四）素心花

素心花是指唇瓣上不带杂色的兰花（见图4.4）。由于兰花的色素大多集中在唇瓣上，因此一般唇瓣无色块，外三瓣及捧瓣也不会有杂色。素心花按不同分类形式有不同种类。按兰花唇瓣的色泽分类，可分为绿苔素、白苔素、黄苔素、红苔素、桃腮素（舌根两侧有红晕）、刺毛素（舌苔上隐约有细微红色）等；按兰花的瓣形分类，可分为梅素（素梅）、荷素（素荷）、蝴蝶素、奇花素等，至于一般草素，因为瓣狭如鸡爪，不具瓣形而不被列入

图4.4　素心四季兰

细花之列；按兰花花苞的苞衣色泽分类，可分为绿壳素、白绿壳素、赤壳素等，绿壳素、白绿壳素一般为净素；按兰花的花色分类，可分为绿花素、红花素、黄花素、白花素等。

历史上素花地位较高，人们比较注重对素心花的选择。比较著名的品种有春兰张荷素、杨氏荷素、绿珠素、苍岩素、蕙兰金岙素、温州素、江山素、翠定荷素、莲瓣兰大雪素、春剑西蜀道光、隆昌素、建兰龙岩素、银边大贡、墨兰白墨素等。

**复习思考题**

1. 梅瓣花有哪些基本特征？
2. 荷瓣花有哪些基本特征？
3. 水仙瓣有哪些基本特征？

# 三、奇花鉴赏

奇花又称异形花，就是兰花的花朵发生变异，形成了奇异的形态。主要有外蝶、蕊蝶和多瓣花。

## （一）外蝶

外蝶又称外蝴蝶、副瓣蝶（见图4.5—图4.7）。花朵外轮两片副瓣的下半幅由绿变白，并缀有艳丽的红色斑块，发生蝶化变异，称外蝶。外蝶有裙蝶和蝴蝶两类。副瓣唇化后拉长并下垂，形同裤裙称为裙蝶。裙蝶观赏性不很强。主瓣盖帽端正，副瓣蝶化达到1/3、平肩、不下垂，唇瓣圆大、色彩艳丽，称为蝴蝶。蝴蝶观赏性较强，梅瓣、水仙瓣、荷瓣和素心花中都有蝶化现象，如是梅瓣蝴蝶就叫梅蝶，荷瓣蝴蝶就叫荷蝶。此外，副瓣断续蝶化或副瓣有少量蝶化的称为半蝴，外三瓣狭长的半蝴称为草蝴，半蝴和草蝴观赏性不强，不入品。

外蝶的鉴赏要求如下。一是主瓣盖帽端正。由于副瓣蝶化后略有缩卷，因此若主瓣上挺，则会导致花形比例失调，有损美感，所以不要求主瓣与瓣形花的主瓣一样上挺，而以主瓣盖帽为佳。二是副瓣蝶

图4.5 剑阳蝶　　　　图4.6 蕙兰外蝶　　　　图4.7 素外蝶

化过半，斑点对称，平肩。副瓣蝶化要达到一半，蝶化不足就是草蝴，难以入品；而且蝶化部分达一半左右者比较稳定，如达不到一半则蝶花的稳定性较差，容易走蝶。但蝶化也不是越多越好，要适度，蝶化过多会使花形缩卷得很小，影响欣赏效果。两片副瓣蝶化部位的色斑要对称，肩要平。三是唇瓣圆大不卷，色彩艳丽。外蝶舌形以圆舌、大圆舌为上，卷舌与大铺舌为次，长尖舌与拖舌则为下品。四是整朵花的绿色、白色、红色的色差要分明，色斑色彩艳丽。如果色斑浑浊且无序则不入上品。五是稳定性要好。外蝶的稳定性较差，"十只蝴蝶九只飞"，尤其是蝶化部分达不到一半的更容易"飞"。

（二）蕊蝶

兰花内轮捧瓣蝶化，由绿转白，并缀有艳丽的红色斑块，其形状及色斑和唇瓣相似，称为蕊蝶，又称内蝶、内蝴蝶。蕊蝶有鉴赏始于清代，嘉庆年间，江苏吴门艺兰家朱克柔在《第一香笔记》的"花品"中就载有"蝶兰（叠兰）"。这里的"叠兰"实为多舌内蝶。

蕊蝶又分捧瓣蝶和三星蝶两种。

1. 捧瓣蝶

捧瓣蝶化，但没有完全唇瓣化，按蝶化程度可分为两类。一类捧瓣化程度较低，有绿色斑块，通常红、绿、白相间，没有中褶片（俗称喉管），称彩棒。这类花往往捧瓣较唇瓣宽大，显得大气，花品较稳定，因而有一定的观赏价值，如春兰蝶花（花蝴蝶、大熊猫）等（见图4.8）。另

图4.8　春兰蝶花（花蝴蝶）

一类捧瓣化程度较高者，有中褶片，乳化带彩，红斑鲜明，竖起似动物耳朵，色斑艳丽，非常神气，有较高的观赏价值，称捧蝶。

### 2. 三星蝶

三星蝶又称三心蝶，捧瓣蝶化程度非常高，完全舌化，除白底红斑外无杂色，有侧裂片和中褶片，即捧瓣完全蝶化，与唇瓣一模一样或非常接近，且与唇瓣一样外翻，显得规整，比捧瓣蝶有更高的观赏价值（见图4.9）。

图4.9　春兰蝶花（三星蝶）

除了三星蝶外，只要蕊柱变异，都属于牡丹。此外，三星蝶中还有素花，即素三星。

三星蝶的鉴赏要求如下。第一，捧瓣蝶化后必须具有褶片、中裂片和两侧的侧裂片才算完全蝶化，才能称得上真正的蕊蝶。如果捧瓣贸然唇瓣化并具有色斑，但不具备褶片、中裂片和两侧的侧裂片，即为没有完全蝶化的捧瓣蝶。第二，捧瓣蝶化后的形态、色斑与唇瓣一模一样或非常接近。三舌规整，对称一致。第三，捧瓣蝶化后，红白分明，红点要鲜艳，白底无杂色，无绿苔。

蕊蝶的稳定性一般较外蝶要好一些，但一些捧瓣蝶化程度较差，没有侧裂片和中裂片，特别是绿底部分较大的彩捧开品不稳定，也会"飞"。只要在选育过程中注意褶片和侧裂片等高度蝶化的特征，就能最大限度地保证所选花品的稳定。

### （三）多瓣花

兰花的萼片、花瓣和鼻头出现变异，数量超过正常的花被数，达到六瓣以上，甚至几十瓣，或伴有不同程度蝶化，此类花称为多瓣花。此类花的花朵、花序都发生了较大变化，有很高的观赏价值。

人们对多瓣花的欣赏最早见于民国初年清芬室主人所著《艺兰秘诀》的"品格"篇中，书中载："有八瓣八舌者，名之曰数蝴蝶，是皆山川灵秀之气所钟，产此奇异产品，非特人之一生难得，实千百年难逢者也"。可见，早在100年前，有人对多瓣花就已经推崇备至了。

多瓣花形式多样，有菊花瓣、牡丹瓣、礼花形、领带形、麒麟形、子母花等。

#### 1. 菊花瓣

花瓣多层聚生，有的多达数十片，蕊柱变异丛生，酷似菊花的花瓣（见图4.10）。有的有几片花瓣蝶化，缀有红点，娇美无比。通常一箭两朵花，也有三朵聚生在一起，花球硕大，风采极佳，神韵卓绝。因花形似菊花，故称其为菊花瓣。菊花瓣以春兰余蝴蝶为代表。

#### 2. 牡丹瓣

外三瓣微飘，但正格有序，捧瓣变异不规整，舌瓣增生可达数十片，排列有序，分层舒展，舌上红白分明，鲜丽无比。蕊柱萎缩，变异成许多小舌片。因花朵朝天

图4.10　多瓣奇花

开放，酷似微型牡丹花，故称其为牡丹瓣（见图 4.11）。牡丹瓣以春兰的盛世牡丹、蕙兰的绿牡丹为代表。

图4.11 多瓣奇花（赛牡丹）

### 3. 礼花形

又称树形花，外瓣多达 6~9 片，沿主花葶交替互生。在第一片花瓣上腋生一花，呈放射状，聚生 10 余片舌瓣，洁白而缀有红点。花葶顶部的花瓣又腋生一花，着生近 10 片舌瓣，实为一葶多花的树形花。礼花形兰花叶片上大都有不规则的雪花点，是区别于其他花形的特殊标识。礼花形花以春兰千岛之花、路灯、莲瓣兰金沙树菊等为代表。

### 4. 领带形

外三瓣正格有序，捧瓣较长并半蝶化，外瓣与中宫之间腋生许多舌瓣，大小不一，有时多达 20 余片，蕊柱变异成舌瓣。大小舌瓣汇聚一起，色彩艳丽，花形丰满。以春兰多朵蝶、莲瓣兰黄金海岸为代表。

### 5. 麒麟形

又称狮子形，外瓣反卷，中宫聚生许多花瓣、舌瓣、蕊柱，花朵朝天开放，雍容瑰丽，多姿多彩，气度非凡。以蕙兰的玉麒麟、远东麒麟、卢氏雄狮为代表。

6.子母花

即从一朵花中的外瓣、捧瓣的基部或腋部再生出一朵小花，形成大花带小花的形态，故称子母花。

多瓣花的欣赏要求如下。一是萼瓣、捧瓣、舌瓣及鼻头的数量要多，瓣形较宽，奇而有序，花形稳定。只有萼瓣、舌瓣、唇瓣及鼻头数量较多的，观赏价值才高；如果数量稀少，则有稀疏零散之感，不显得那么奇了。二是多瓣花要多而有序，多得有规律，如果乱蓬蓬的、杂乱无章、多而无序，则多而不美。三是多瓣花要色彩艳丽、瓣质厚糯，如果瓣薄、色差则难以入品。四是多瓣花要有稳定性。奇花难以稳定，一般来说，只要花被数量较多，奇得有规律，花品才较为稳定。

**复习思考题**

1.什么是外蝶？它的鉴赏要求有哪些？

2.什么是蕊蝶？

3.什么是多瓣花？多瓣花有哪些形式？

# 四、叶艺鉴赏

所谓叶艺，主要是指兰花叶片上分布了白色、黄色或透明的色线、色斑，或兰株的形态发生变异，从而使兰叶成为有艺术欣赏价值的可赏之叶。

兰花的叶艺品种名目繁多，一般分为线斑艺、叶蝶艺和整株艺三大类。

## （一）线斑艺

线斑艺主要分叶边上的艺、叶尾上的艺和叶面上的艺三类。也有将线斑艺分为爪艺、边艺、斑艺、缟艺四类。

**1. 叶边上的艺**

兰花叶边上的艺又称覆轮艺、边草（见图4.12）。标准的覆轮艺就是整株兰中的每片叶从叶尾至叶脚基部均有色边；有的整株兰叶只出现2/3以上长度的色边，即色边没延伸至叶脚基部，也可称覆轮艺。其艺色一般为黄色或白色，俗称金边或银边。

**2. 叶尾上的艺**

兰花叶尾上的艺主要有扫尾艺、爪艺、冠艺、水晶艺等。

（1）爪艺。叶片尖端边缘出现黄、白色艺，使叶尾看起来像鸟爪，称爪艺；也像鸟嘴，故也称嘴。爪色如为黄色，则称金嘴，白色则称银嘴（见图4.13）。

（2）冠艺。叶尾尖端边缘有成片的色艺，称冠艺。其颜色多为黄色或白色，分别称黄冠、白冠；也有深绿色的，称绀帽。

图4.12 覆轮艺、边草

图4.13 爪艺

（3）水晶艺。兰花叶尾隆起、增厚，出现乳白色或银白色半透明的水晶状体，称水晶艺，俗称水晶头。水晶有时也会出现在叶边或叶面上，称水晶边、水晶斑。其中水晶头最为常见。

**3. 叶面上的艺**

兰花叶面上的艺比较复杂，叶艺多种多样，大致可分为中透艺、中缟艺、斑艺等。

（1）中透艺。色艺成片出现在叶片中间，仅叶尾和叶边呈绿色，称中透艺。色艺为黄色者称黄中透艺，白色者称白中透艺（见图4.14）。

（2）中缟艺。缟，原意为绢，引申为织物上的线纹。叶片中间出现白色或黄色的色线称中缟艺。

（3）斑艺。兰花叶面上出现斑块状的色艺，呈不规则分布，形成斑斑点点的黄色、白色或青苔色的色斑，其形与色如虎皮者称虎斑，如蛇皮者称蛇斑。

图4.14　中透艺

此外，兰花叶面上的艺还有中斑艺、中斑缟艺、中透缟艺、片缟艺（晃艺）、粉斑艺、曙艺、琥珀艺和雪花点艺等（见图 4.15—图 4.20）。

图4.15　缟艺

图4.16　虎斑艺

图4.17　蛇斑艺

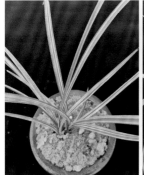

图4.18　中缟艺

图4.19　中缟转中透艺

图4.20　中透缟艺

### （二）叶蝶艺

叶蝶艺主要是指兰花的中心蝶化（见图4.21）。叶蝶艺的情况主要有以下几种。一是有的兰株有一片中心叶蝶化，有的兰株有数片叶蝶化。二是蝶艺有的发生在叶尖，有的发生在叶边，也有的发生在叶片的中部。三是有的蝶化面积小，只有叶尖或叶边少部分蝶化，有的蝶化面积大。四是有的几片中心叶全部蝶化，成为花朵，并散发幽香，称为叶恋花。

图4.21　叶蝶艺

产生叶蝶的兰草基本上会出蕊蝶，但不是所有蕊蝶的兰草都能产生叶蝶艺。叶蝶主要发生在蕊蝶的中心叶上，往往要有5片以上壮草的中心叶才有叶蝶，如梁溪蕊蝶、虎蝶、大元宝等。

有叶蝶艺的兰草，绿叶、白蝶、红点相互映衬，十分美丽，有较高的观赏价值。

### （三）整株艺

整株艺主要是指整株兰草发生变异，形体矮小，有特殊观赏价值。主要有矮种、鳞生体（见图4.22）两类。

#### 1. 矮种（迷你兰）

株型明显比正常兰花矮的称矮种。矮种一般叶片厚实、叶尖圆头、株型紧凑、生长健壮，有其特殊的观赏价值。

#### 2. 鳞生体（水晶龙）

叶片矮小，叶幅增阔，叶面起纵向的褶皱、有隆起的棱纹经及纵

图4.22　鳞生体（水晶龙）

形的黄色或白色条纹，整叶有时扭曲，状如游龙，称鳞生体。这类叶奇巧壮实，有较高的观赏价值，且花朵奇特。

**复习思考题**

1.什么是叶边上的艺？
2.什么是叶蝶艺？主要有哪几种？
3.什么是整株艺？

DIANXING SHILI

# 第五章　典型实例

　　生产和经营国兰的管理者，利用学到的国兰生产技术与经营管理经验，积极从事国兰产业的开发，成为当地国兰产业的龙头企业或带头人，辐射和带动了周边农户的国兰种植，推动了国兰产业的发展，促进了农业经济的增长。

# 一、浙江省农业科学院兰花科创基地

## （一）生产基地

浙江省农业科学院兰花科创基地坐落于浙江省农业科学院本部的科研创新基地内，位于杭州市上城区石桥路 200 号。基地建有 6000 平方米连栋温室、300 平方米组培室和花卉分子育种实验室。基地内建有"浙江省兰花种质资源圃"，目前保存有 3000 余份种质资源。基地先后承担了原国家林业局公益性行业科研专项"艳丽芳香型中国兰新品种定向培育及开发技术研究"、科技部国家星火计划重点项目"细叶兰新品种中试及产业化开发"、国家青年科学基金"AG 基因调控春兰重瓣奇花形成的分子机理"等国家级项目 4 项及省级基金 6 项，浙江省"十二五""十三五""十四五"农业新品种选育重大科技专项兰花子课题、浙江省 2023 年度"尖兵""领雁"计划项目"兰花全产业链高效精准栽培技术研究与产业化"等 30 余个科研项目的实施，具备资源收集、保育、鉴定、评价、种质创新、新品种培育等功能，可开展学术交流、人才培养、科技服务、科普宣传、文化传播、成果展示等活动。

黄梅

## （二）产品介绍

基地承载了国兰种质资源繁育、创新、新品种培育、配套技术研发等功能。可常年为广大兰友提供国兰新品种优质种苗、配套栽培技术及相关

黄荷梅

赛牡丹

福娃梅

科研成果。

### （三）责任人简介

孙崇波，博士，研究员，浙江省农业科学院园艺研究所副所长，九三学社浙江省农科院委员会主委。一直从事园艺植物遗传育种和种质创新工作。现为浙江省"151人才工程"第二层次培养对象、浙江省"十二五""十三五"农业新品种选育重大科技专项草本花卉育种专题主持人、浙江省"十四五"花卉重大科技专项组副组长、浙江省林木品种审定委员会委员；中国植物学会兰花分会理事、中国花卉协会兰花分会理事、浙江省兰花协会副会长；浙江省第十一、十二、十三届政协委员，浙江省第十、十一届青联委员。

孙崇波

先后主持完成原国家林业局公益性行业科研专项、科技部国家星火计划重点项目、国家青年科学基金、省基金，主持浙江省"十二五""十三五""十四五"农业新品种选育重大科技专项草本花卉子专题等科研项目20余个，获浙江省科学技术奖2项，拥有国家发明专利8项，育成中国兰花新品种10余个，在国内外核心期刊发表研究论文30余篇，制定省级地方标准1项。

联系电话：17767255758。

# 二、彩云涧

## （一）生产基地

彩云涧（绍兴渚山彩云涧兰花有限公司）成立于2012年8月，现有兰花种植基地200亩，采用自动化大棚管理模式，种植规模达60万盆，是目前全国最大的春、蕙兰种植基地，是浙江省百佳兰苑、绍兴市副会长单位。年销售额约1000万元。近年来，彩云涧探索电商销售，提高了销售与推广力度，并从事兰花组培研究，目前已开发出100多个兰花新品种。

## （二）产品介绍

公司主要生产、经营各档春、蕙兰，如荷瓣、梅瓣、水仙瓣、三星蝶、多瓣奇花等，培育的兰花获得过全国兰展各类奖项150多项。在2008年中国（温州）兰花博览会上，"奇花绿云"荣获特别金

向天歌

奖；在 2012 年中国（宁波镇海）兰花博览会上，"向天歌"荣获金奖；
在 2013 年中国（江苏太仓）兰花博览会上，"心怡荷"荣获金奖；在
2018 年中国（广东翁源）兰花博览会上，"青露"荣获特别金奖、"中
国梦"荣获金奖。

相思

雪蝶

心怡荷

昭君

（三）责任人简介

公司董事长周建，1964年10月生，大专学历，1996年从事兰花产业至今，是浙江省兰花协会常务理事、绍兴市兰花协会副会长、诸暨市兰花协会会长。公司总经理钱建法，1974年6月生，本科学历，1990年从事兰花产业至今，是中国兰协常务理事、浙江省兰协常务理事、绍兴市兰协副会长，绍兴市第八届人大代表，曾获绍兴县十优青年、绍兴县劳动模范等称号。

联系电话：13806744065。

钱建法

# 三、嘉盛兰园

## （一）生产基地

嘉盛兰园（浙江嘉兰农业科技有限公司）成立于1999年。公司位于嘉兴市秀洲区，目前占地总面积有108亩，拥有9个标准式大棚，种植兰花8000多平方米，总量20余万盆。公司以种植春、蕙兰传统名品为基础，选育高品质新花为追求。

## （二）产品介绍

公司致力于国兰培育与开发，国兰文化事业的宣传与发展，并与浙江省农业科学院合作研究国兰种植技术，提高国兰种植水平、降低种植成本。公司追求自然、科学的种养管理方法，兰棚内不加温、不加湿，为兰友提供最优质的种苗。公司的兰花在全国、省、市等兰展上获得过多类奖项，在全省乃至全国都有较大知名度。

兰园全景

高明蕊蝶

大一品

## （三）责任人简介

金志伟，毕业于温州大学，1995开始随父辈接触兰花，大学毕业后参与兰园管理及销售，注册浙江嘉盛兰园，而后扩大兰园规模至108亩，担任公司总经理一职。

联系电话：18857310008、18857310003。

金志伟

## 四、湖州博雅兰苑

### （一）生产基地

湖州博雅兰苑（湖州添雨兰园园艺有限公司）成立于2001年。2012年建园于湖州市开发区康山街道。博雅兰苑是浙江省首批"百佳兰苑"，湖州市城市微农业示范基地。公司目前建有10亩兰花基地，3万余盆兰花，全部为自然种养，主要从事兰花种植、名品收集和专业生产、销售国兰专用栽培活性基质（发酵松树皮）。

### （二）产品介绍

博雅兰苑共收集春兰、蕙兰、叶艺兰、莲瓣兰、春剑、寒兰、建兰等品类的兰花200余品种，选育的兰花多次获得全国、省、市兰展

绿谷明月

奖项，其中选育的蕙兰斑艺"彩虹香妃"获得 2015 首届海峡两岸艺兰博览会金奖，彩虹香妃为红香妃系中的顶级稀有品种。

彩虹香妃

蘋洲荷影

凤仪

（三）责任人简介

汤志林，1968年3月生，中专学历。从事兰花产业已有20余年，目前是中国兰花协会常务理事、浙江省兰花协会常务理事和协会专家委员会委员、湖州市兰花协会副会长，国家二级花卉园艺师。

联系电话：13906726230。

汤志林

# 五、富利馨兰苑

## （一）生产基地

富利馨兰苑（衢州市富利华农资有限公司）成立于 2009 年 4 月，在衢州市衢江区境内，有两处兰花种植基地，面积为 500 多平方米。公司是衢州市植物保护学会理事单位、衢州市农资经营行业协会监事单位，衢州市质量、服务、信誉 AAA 级单位和诚信经营 AAA 级单位，浙江省绿色环保单位，同时也是浙江省"百佳兰苑"，衢州市"十佳兰苑"。

## （二）产品介绍

基地主要种植春兰、蕙兰、寒兰、建兰、墨兰（秋榜）、春剑、莲瓣兰等。

芙蓉仙子　　　　红霞素　　　　　　翠羽丹霞

祥光

（三）责任人简介

富选民，1961年1月生，高中学历。从事兰花产业10余年，是浙江省兰花协会副会长。长期以来，富选民结合自己在农业部门工作的经验，钻研总结出一整套兰花种养经验，在兰花的消毒杀菌和兰花植料的配比等方面有自己的独到之处。

联系电话：13906707257。

富选民

# 六、绿韵兰园

## （一）生产基地

绿韵兰园（建德市杨村桥镇艺澜种植场）成立于2000年。兰园坐落在建德市杨村桥镇绪塘村绪塘坞的一个小山村，山清水秀，气候四季分明，以自然种植为主。兰园是浙江省"百佳兰园"，也被杭州市人力资源和社会保障局认定为杭州市技能大师工作室，创始人沈宏被聘为杭州工匠学院教授，为兰友们提供了学习交流的场所，为宣传国兰作贡献。

## （二）产品介绍

绿韵兰园现有兰花种植面积5亩多，其中连栋大棚800余平方米，拥有精品春兰、蕙兰5000余盆、普草3万余盆。从2003年就开始进行网上销售，目前，每年销售普通兰花10万苗、精品兰花1万苗，

神话

王者荷

公司产值 200 多万元，利润 80 多万元。普通兰花主要批发到各城市花店为主，精品兰花主要销售到河北、山东、江苏、上海等地。同时，还帮助周边的兰友推销兰花，带动周边的农户一起发展。兰园所种兰花多次在省、市兰花展览中获奖。

### （三）责任人简介

沈奇宋凯，1991 年 11 月生，本科学历，2016 年从事兰花产业，花卉园艺工初级工。

联系电话：13685757709。

大白菜

沈奇宋凯与母亲宋建萍

# 七、仁德兰庄

## （一）生产基地

仁德兰庄（舟山市普陀仁德兰花专业合作社）成立于2009年10月，位于普陀区东港街道南岙里山分水岭，现承包山地面积130亩，已投资3000多万元，拥有智能兰房、精品兰房、连栋大棚、办公楼、接待楼、茶室、管理房、会议室、展示厅等，是浙江省"百佳兰苑"。当地的气候属于亚热带季风海洋型气候，整个群岛季风显著，冬暖夏凉，温和湿润，光照充足，年平均气温16℃，适宜兰花生长。

## （二）产品介绍

目前，仁德兰庄种植兰花1万余盆，拥有兰花品种400余个。兰花品种主要有海洋之心、吉祥素、永恒、里山红、红燕、复轮蕙兰等，还有一些未命名的春、蕙兰珍品等。兰庄所选送的兰花在全国、省、市兰展中多次获得金、银奖，其中春兰"海洋之心"获得2012年中国（镇海）兰花博览会特金奖。

仁德兰庄

海洋之心

永恒

红燕

吉祥素

## （三）责任人简介

俞国强，1965 年生，大专学历，中共党员，从 2003 年开始从事兰花产业，多次接受专业培训，2016 年 8 月参加农业农村部组织的农村实用人才带头人培训学习，是浙江省兰花协会常务理事、普陀区兰花协会会长。

联系电话：13750722778。

俞国强（左二）向有关领导介绍兰苑经营情况

# 八、山客草堂

## （一）生产基地

山客草堂（杭州富阳山客农业开发有限公司）于2009年起陆续投资上千万元建设了兰花种植基地。兰苑整体按古典园林风格布局，硬件配套设施完善，现有自动化玻璃温室大棚2座，是一家集兰花收集、栽培、经营及兰花新品种保护开发为一体的专业化兰苑。当地为亚热带气候，四季分明，境内青纯碧绿的富春江蜿蜒而下，两岸青山叠翠，植被丰满，气候条件适宜兰花生长。山客草堂是浙江省兰花协会认定的浙江省国兰文化传承与创新园、浙江省"百佳兰苑"；被浙江省农业技术推广基金会评为富阳珍稀兰花种植示范基地，是富阳区农业龙头企业及富阳区文创企业。

兰苑

（二）产品介绍

山客草堂现有兰花品种200余个，2万余盆。其中，选育出的彩虹之星、晶莹之花、磐安山水、解佩磷生体等名贵新品种获得兰界一致好评，另种有大量春、蕙兰传统老品种，如端梅、老蜂巧、老朵云、程梅、关顶、绿云、养安、汪小尚等。山客草堂多年来积极参加全国、省、市组织的兰展及兰文化活动。选育的品种获得全国及省级兰展特别金奖、金奖10余个，并在其他市、区（县）兰展中获奖数百

彩虹之星

磐安山水

个，其中，磐安山水、彩虹之星等在各级兰展中屡获金奖。由山客草堂发起的各类兰事联谊活动及富阳兰展，为当地兰事发展起到了积极推动作用。近年来，山客草堂还探索线上兰花销售经营模式，并取得了良好的经济效益。

七彩虹钻

解佩（水晶鳞生体）

## （三）责任人简介

黄伟，深耕兰花行业 20 多年，一直专注于国兰新品种的发掘，在杭州地区兰花种养和经营中起到带头示范作用。现为浙江省兰协常务理事、杭州市兰协副会长、富阳区兰协会长，富阳区政协委员。

联系电话：15068183808。

黄伟

# 九、嵊州市多友兰花专业合作社

## （一）生产基地

嵊州市多友兰花专业合作社成立于2014年10月，位于嵊州市甘霖镇东王村梅涧桥组，由7家农户组成，合作社在当地租用了65亩山地作为兰花种植基地。基地背靠小山，山上林木茂盛，周边空气清新。当地属亚热带湿润气候，具有气候温和、四季分明、湿润多雨等特点，其自然环境非常适合兰花种植。基地第一期工程使用土地面积25亩，搭建了13个标准化、现代化大棚兰室，占地面积达20亩。合作社成员中，有绍兴市兰花协会副会长会员单位1个，常务理事会员单位1个，浙江省蕙兰精品园也在其中。

兰花协会领导考察基地

## （二）产品介绍

合作社的兰花以春兰、蕙兰为主，既有传统品种，也有近年挖掘的新品种。基地中数量较多的产品有苍岩素、大富贵、翠盖荷等，都在 5 万苗以上；元宵、宋字、长乐荷、绿云、宋梅等，都在 1 万苗以上。合作社成立以来，农户种植的兰花在全国、省、市兰展中荣获特别金奖 11 个、金奖 23 个。

虎蕊

盛世蕊蝶

荡字

## （三）责任人简介

沈亚军，1968年8月生，高中学历，中共党员。曾担任嵊州市甘霖镇东王村党支部书记、甘霖镇恒力转轴制造厂厂长，从2002年起开始种植兰花，并从2014年起专业从事种植兰花。合作社主要参与人宋良，1975年2月生，高中学历，现任嵊州市兰花协会副会长。

沈亚军

联系电话：13705851452、13989530001。

# 十、夏风兰苑

## （一）生产基地

夏风兰苑，2011年成立于镇海区骆驼街道宁波花木世界里的兰花岛，2016年10月工商注册为"宁波市镇海骆驼夏风兰苑花木经营部"，是浙江省"百佳兰苑"。目前，兰苑在兰花岛里有标准玻璃大棚1000多平方米，在海曙区龙观乡有标准玻璃大棚500多平方米，以棚内半自然盆栽为主。

## （二）产品介绍

兰苑拥有精品春、蕙兰8000余盆，名品蕙兰有新老八种、陶宝梅、映日荷、西施、端梅、夏缘梅、凤羽、玉峰巧、福星等，春兰有神话、神仙荷、金牛荷、传说、王者荷、盖园荷、余氏素荷、晶莹之

兰苑

夏缘梅

老朵云

清文梅

花、金榜等，每年销售额达 100 多万元。其选送的兰花获得 2012 年中国（镇海）兰花博览会金奖，之后多年在全国各地兰事活动中都获有特金奖、金奖、银奖等荣誉。

## （三）责任人简介

夏根源，1954 年 6 月生，初中学历，中共党员。2003 年 5 月 1 日在宁波西门花鸟市场接触并购买第一盆兰花——建兰，同年 5 月 4 日又再次在花鸟市场购买春兰的宋梅、大富贵品种和有关兰花种养的书籍，从此开启了兰花种养的篇章。如今已成为宁波知名兰家。现任浙江省兰花协会副会长、宁波市兰花协会会长。

夏根源

联系电话：13805845005。

# 十一、凤羽兰博园

## （一）生产基地

凤羽兰博园（浙江凤羽农业发展有限公司）由原长兴长海兰园转型升级而成，2016年4月工商注册，同年6月选址长兴县龙山街道川步村，占地45亩，园内集兰花品种开发、种植培育、展示销售、兰文化博物馆等多个功能区块为一体。该园拥有春兰、蕙兰、春剑、建兰等多个品系、约1200个品种、10万多盆。年生产兰花种苗30万苗，销售总额近千万元。先后获得浙江省"百佳兰园"、湖州市青创农场示范基地、浙江省农业龙头企业等称号。

兰苑效果图

## （二）产品介绍

凤羽兰博园主营春兰、蕙兰品系，以传统名品春兰老八种、蕙兰新老八种等为基础，广泛收集包含老朵云、翠丰、至尊红颜等经典新老名品，还引进红塔宝石、大荷素、滇红素、大红袍等色花品种，扩充品类，丰富产品体系。选育命名的春兰品种兴荷和蕙兰品种凤羽、展眉、红苹果等多次获奖，其中，兴荷获得2019年华东地区兰花博览会特金奖。

兴荷

胭脂仙子

红苹果

凤羽

月荷素

（三）责任人简介

王海明，1973年12月生，浙江德清人，浙江省兰花协会常务理事。2001年接触养兰花的前辈，至此开始将养兰爱好变成事业，得兰界泰斗冯如梅老先生言传身教，拜徐昊先生为师。同时，追溯长兴"兴兰"历史文化，投资建设兰博园，将"小阳台养兰"升级为规模化、产业化。2018年培养直播团队，开启线上推广和销售。至2020年底，带动种植户200多家，完成线上销售超800万元。

联系电话：13868269123。

王海明

# 参考文献

丁永康. 中国兰花三百问[M]. 北京: 中国青年出版社, 1999.

关文昌. 寒兰荟萃[M]. 北京: 中国林业出版社, 2011.

关文昌, 朱和兴. 兰蕙宝鉴[M]. 杭州: 杭州出版社, 2002.

陆明祥. 养兰技艺[M]. 福州: 福建科学技术出版社, 2020.

许东生. 中国寒兰名品赏培[M]. 北京: 中国林业出版社, 2003.

殷华林. 兰花栽培实用技法[M]. 合肥: 安徽科学技术出版社, 2011.

[日] 黑崎阳人. 春兰　寒兰 [M]. 李良明译. 成都: 四川科学技术出版社, 2005.

# 后 记

本书从筹划到出版历时近一年，在浙江省有关国兰种植企业和基层国兰生产技术推广部门的大力支持下，经数次修改完善，最终定稿。本书在编撰过程中，得到了浙江省农学会相关专家的大力帮助，并对书稿进行了认真审阅，特别是浙江省农业科学院兰花专家团队提供了大量一手图片资料，并在百忙之中对书稿进行了多次审阅修订，在此一并表示衷心的感谢！

由于编者水平所限，书中难免有不妥之处，敬请广大读者提出宝贵意见，以便进一步修订和完善。